吕 超 主编

危险化学品
应急处置

便携手册

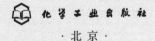

化学工业出版社

·北京·

本手册收录了135种常见危险化学品,每种物质都给出了:1.物质基本信息;2.现场快速检测方法;3.危险性;4.个人防护建议;5.应急处置。每个应急处置方案又包括急救措施、灭火、疏散与隔离、现场环境应急和危废物处置五部分内容。

本手册内容设置上采用一物一页,重点信息和警示语采用红色字体、加粗等设计,有物质名称、UN号、CAS号三种方式检索,便于一线应急人员在事故处置过程中快速查找危险化学品的相关信息并有针对性做出初步应急处置措施。

本手册是危险化学品事故指挥员、消防指战员和其他应急处置人员的工具书。

图书在版编目(CIP)数据

危险化学品应急处置便携手册/吕超主编. —北京:化学工业出版社,2018.4(2025.1重印)
ISBN 978-7-122-31722-3

Ⅰ.①危… Ⅱ.①吕… Ⅲ.①化工产品-危险物品管理-技术手册 Ⅳ.①TQ086.5-62

中国版本图书馆CIP数据核字(2018)第046473号

责任编辑:李晓红 　　　　　　　　　文字编辑:张 欣
责任校对:宋 夏 　　　　　　　　　装帧设计:王晓宇

出版发行:化学工业出版社(北京市东城区青年湖南街13号
邮政编码100011)
印 　装:中煤(北京)印务有限公司
710mm×1000mm 1/32 印张9½ 字数248千字
2025年1月北京第1版第5次印刷

购书咨询:010-64518888
售后服务:010-64518899
网 　址:http://www.cip.com.cn
凡购买本书,如有缺损质量问题,本社销售中心负责调换。

定 　价:58.00元 　　　　　　　　　版权所有 违者必究

编写人员

主　编：吕　超

编　委：吕　超　孙　静　史文颖
　　　　王　岱　袁智勤　陈　旭

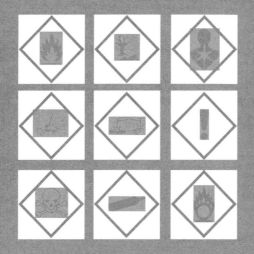

Foreword 前 言

　　危险化学品即具有毒害、腐蚀、爆炸、燃烧、助燃等性质，对人体、设施、环境具有危害的剧毒化学品和其他化学品。尽管危险化学品本身的特性决定了它的不安全属性，但是危险化学品在生产和生活的特定环境中扮演着不可或缺的角色。而且随着经济和工业的快速发展，危险化学品的应用范围越来越广，应用数量越来越多。然而，人们在享受危险化学品带来便利的同时，也面临着巨大的安全挑战。近年来，我国涉及危险化学品的事故呈现上升趋势，造成了严重的人员伤亡、财产损失和环境破坏。

　　2015 年 8 月 12 日，天津市瑞海国际物流有限公司危险品仓库发生特大火灾爆炸事故。造成 165 人遇难（其中 110 人为参与事故一线救援处置的消防人员和公安干警）、8 人失踪、798 人受伤；304 幢建筑物、12428 辆商品汽车、7533 个集装箱受损。结合本次事故特点：（1）造成大量人员伤亡和财产损失，特别是参与事故一线救援处置的消防战士和公安干警。本书参考美国 NIOSH（National Institute for Occupational Safety and Health，国立职业安全与健康研究所）标准，添加了有关危险化学品事故应急人员个人防护和急救建议，以及危险化学品的健康危害；并参照加拿大及美国交通部 ERG（Emergency

Response Guidebook，危险物品应急处置手册）给出涉危险化学品事故的疏散隔离以及泄漏处置建议。（2）事故发生后的应急处置初期，对化学品种类、数量以及储存方式不明，无法指定合理和可靠的应急处置方案。本书增加了危险化学品的现场应急侦测总则，对部分物质给出现场快速分析方法，并根据实用性排序列出，便于从业人员快速选择，提高现场应急处置效率。（3）社会舆情对事故造成的环境污染问题非常关注。本书添加了现场环境应急处置的相关内容。

本书内容特点：选取了天津港爆炸案所涉及的111种化学物质中包含的所有危险化学品以及国家安全监管总局发布的重点监管的危险化学品名录（首批和二批）共135种重点危险化学品，基本涵盖了各行业常用危险化学品以及环保部"十二五"化学品环境风险防控中"突发环境事件高发类"危险化学品。

本书设计特点：考虑到危险化学品应急处置客观条件和消防工作的特殊性，本书内容设置上采用一物一页、卡片式、重点信息和警示语用红颜色强调等设计，中文名称、UN号、CAS号等多重检索方式，便于一线应急人员在事故处置过程中快速查找危险化学品的相关信息并有针对性地做出有关个人防护、急救、疏散隔离以及环境处置方面的初步应急处置。避免应急过程中的人员伤亡和二次伤害。

本书中所涉及危险化学品信息仅适用于所指定的产品,除非特别声明,对于某化学品与其他物质的混合物等情况不适用。本手册只为那些受过适当专业训练的人员提供使用安全方面的资料。本手册的使用者,在特殊条件下,必须做出独立判断。

实践操作中,现场情况复杂多变,应在本书理论指导下结合实际情况,切忌生搬硬套,否则失之毫厘,谬之千里。

本书在编辑过程中,得到了北京市海淀区采石路特勤消防中队领导、专家的指导和大力支持,提出了很多宝贵意见;同时参考了大量文献资料,在此表示由衷的感谢。由于时间仓促,作者水平限制,书中难免存在缺点和疏漏之处,敬请专家和读者提出宝贵意见并批评指正。

编者

2018 年 10 月于北京

使用说明

1. 索引表

本指南采用危险化学品的中文名称、UN 号和 CAS 号三种形式。

（1）物质名索引

按危险化学品中文名称的拼音顺序列出索引表。根据危险化学品中文名称可以迅速找到指南条目。

如果危险化学品中文名称中含有数字、英文字母、希腊字母、罗马数字或符号等，在排序时对其进行忽略，按照出现的第一汉字进行排序。例如，2-氨基-5-二乙氨基戊烷，按照"氨"进行索引。

（2）UN 号索引

按危险化学品 UN 号的数码顺序列出索引表。根据 UN 号可以迅速找到指南条目。

（3）CSA 号索引

按危险化学品 CAS 号的数码顺序列出索引表。根据 CAS 号可以迅速找到指南条目。

2. GHS 部分

全球化学品统一分类和标签制度（GHS）旨在协调与所有部门都相关同时涉及包括生产、

储存、运输、处置、消费者所处环境等整个化学品生命周期内有关化学品分类和标签的方法和规则。

GHS 使用 9 个符号来传递特定的物理、健康和环境风险信息。GHS 标签主要由包括在白色背景上的黑色符号和红色框架组成的棱形象形图表示。

GHS 象形图与危险货物运输标签类似；标签的背景颜色不同（"GHS 信号词和危险说明"中的相关内容不希望被运输环节采用）。对于联合国危险货物运输建议书规章范本所包含的物质和混合物，其运输标签优先于物理危害标签。

在运输过程中，不应当用 GHS 象形图来表示运输标签和标识牌所反映的同一（或较小）风险，但它可能出现在包装上。

GHS 象形图和危险类别

易燃
自反应
引火
自燃
释放易燃气体
有机过氧化物

水生毒性（急性）
水生毒性（慢性）

致癌
呼吸道敏感
目标器官有毒
突变
呼吸中毒

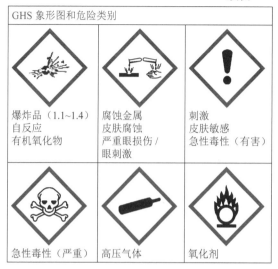

GHS 象形图和危险类别		
爆炸品（1.1~1.4） 自反应 有机氧化物	腐蚀金属 皮肤腐蚀 严重眼损伤 / 眼刺激	刺激 皮肤敏感 急性毒性（有害）
急性毒性（严重）	高压气体	氧化剂

3. 个人防护建议

该栏对每种危险化学品的防护措施都提供了概要性建议，是对一般操作规程（例如在使用化学品的工作场所禁食、禁水和禁烟等）的补充，并在使用所有可行的工艺、设备以及专项控制后，如果需要其他的控制措施，就要遵守这些建议。

· 皮肤：建议需要使用个人防护服。

· 眼睛：建议需要眼部防护。

· 清洗皮肤：当劳动者身体部位受到危险化

学品污染时，除一般的清洗（如饭前）外，建议清洗污染的皮肤。

·脱除：当工人的衣服意外弄湿或受到明显污染时，建议脱除并妥善处置。

·更换：建议需要定期更换衣服。

·配备：建议需要提供眼部冲洗设备和／或其他快速冲洗设备。

4. 疏散、隔离和现场环境应急

事故发生后为了保护公众生命、财产安全，应采用的措施。为了保护公众免受伤害，给出在事故源周围需要控制的距离和区域。手册给的初始隔离距离、下风向疏散距离适用于泄漏后最初始 30 min 内或污染范围不明的情况，参考值应根据事故的具体情况如泄漏量、气象条件、地理位置等作出适当的调整。

现场处理指化学品泄漏户现场应采用的应急措施，主要从点火源控制、泄漏源控制、泄漏处理、注意事项等几个方面进行描述。手册推荐的应急措施是根据化学品的固有危险性给出的，使用中应根据泄漏事故发生的场所、泄漏量的大小、周围环境等现场调解，选用适当的措施。

物质名索引

（以汉语拼音排序）

UN 号索引

1491	/040	1942	/230	2534	/108
1492	/076	1962	/268	3101	/084
1495	/160	1971	/118	2646	/144
1541	/030	2015	/086	2656	/132
1547	/024	2023	/092	2733	/142
1564	/180	2055	/028	2781	/020
1593	/064	2078	/098	2789	/260
1595	/138	2131	/088	2811	/220
1614	/186	2197	/176	2813	/074
1662	/226	2199	/134	2937	/104
1671	/026	2215	/164	2956	/056
1673	/050	2218	/036	2967	/016
1673	/120	2310	/270	3099	/038
1689	/184	2329	/244	3102	/078
1710	/202	2334	/218	3103	/080
1711	/060	2366	/130	3224	/052
1738	/150	2366	/214	3224	/168
1809	/196	2381	/058	3226	/166
1813	/182	2398	/112	3261	/172
1829	/206	2451	/192	3264	/042
1838	/208	2468	/204	3265	/188
1888	/198	2480	/274	3277	/154

CAS 号索引

124-40-3	/054	1910-42-5	/020	7727-21-1	/076
124-41-4	/102	2551-62-4	/140	7727-37-9	/238
141-78-6	/264	3811-4-9	/158	7757-79-1	/236
143-33-9	/184	4419-11-8	/166	7758-09-9	/246
203-584-7	/120	5329-14-6	/016	7775-09-9	/160
372-09-8	/188	6484-52-2	/230	7778-50-9	/038
503-38-8	/154	7439-89-6	/130	7778-66-7	/042
506-93-4	/234	7439-95-4	/124	7782-50-5	/146
556-88-7	/228	7440-01-9	/240	7783-06-4	/136
584-84-9	/098	7440-21-3	/072	7783-54-2	/192
614-45-9	/080	7440-23-5	/126	7790-98-9	/070
616-38-6	/212	7440-24-6	/128	7803-51-2	/134
624-83-9	/274	7440-37-1	/242	8002-05-9	/276
624-92-0	/058	7440-70-2	/122	8006-61-9	/170
630-08-0	/252	7446-09-5	/066	9004-70-0	/224
993-00-0	/108	7446-11-9	/206	10025-78-2	/200
999-97-3	/142	7550-45-0	/208	10034-85-2	/176
1300-73-8	/060	7637-07-2	/194	12013-55-7	/074
1305-79-9	/082	7647-69-7	/178	12030-88-5	/040
1310-58-3	/182	7664-39-3	/068	12230-71-6	/180
1333-74-0	/174	7664-41-7	/014	13323-81-4	/104
1338-23-4	/084	7719-12-2	/196	13477-34-4	/232
1634-04-4	/112	7722-84-1	/086	68476-85-7	/248

危险化学品灾害事故
现场应急侦测总则

一、途中询情

消防部队接到报警后，119 指挥中心、辖区中队参战的指挥员应保持与报警人的联系。在出警途中，要通过报警人对事故现场有一个初步的认识：一是询问可疑物质的名称、本身特征及其周边异常特征，如可疑物质的颜色、气味、外观包装、形状、大小、数量以及周边人员伤亡情况；二是询问事发现场的客观环境，包括周边建构筑物类型与多少、道路交通、地形、河流和风向等。

二、现场询情

消防力量到场后，可以向在事故现场的报警人、知情人、围观人员、事故单位的负责人和技术人员、先期到场的救援人员等询问现场情况，深入了解现场情况。通过询情，能够对危险化学品的种类和名称、对灾情的危害和可能发生的后续影响作出初步判断。

三、现场观察

在事故现场危险化学品危害范围较大的情况下，侦检人员不应盲目进入事故的核心区（重度危险区），因为在毒害物质尚不确定的情况下，消防部队侦检人员所佩戴的个人防护装备是否有效、毒害物质是否有爆炸危险等信息，指挥员均无法得知。应先观察事故现场和周边环境的情况，然后再进入核心区（着火区域、泄漏区域）对发生事故的本体进行侦检。灾情现场的观察主要包含两个方面的内容：一是观察事故现场及周边的情况；二是观察事故发生对象的特征和外在表象。

（1）观察事故现场及周边情况

通过观察事故现场及周边环境，来对先前通过询情掌握的情况进行佐证和验证。主要观察以下几方面内容：

① 中毒人员的症状。不同的危险化学品、不同的毒害物质对人体的伤害机理各不相同，中毒人员的中毒症状也各不相同；根据中毒人员的症状，对危险化学品进行判定。但有些有毒物质对人员造成伤害后，会有一定时间的潜伏期，在事发现场不易发现人员伤亡情况，需要较长时间的观察。观察人的中毒症状，一定要心细眼尖，因为有些危险化学品的中毒症状和急性疾病的症状十分相似，如沙林中毒后人员的生理反应，就与心肌梗死的发病症状极其相似，唯一不同的是心肌梗死会出现瞳孔放大，而沙林却会出现瞳孔缩小。

② 建筑物的情况。查看受危险源影响后，建筑物是否有毁损现象、表面是否沾染有危险化学品的粉末或液滴、表层是否有变色反应等。

③ 现场周边生物的反应。查看事故现场的树木、花草是否有打蔫现象；枝叶、花朵、果实是否有不正常的变色反应，如变黄、变黑等；周边动物（如狗、鸡、鸭等）是否有呕吐、走路摇摆、卧地不起、知觉

麻痹、狂吠等反应；其他小动物（如老鼠、昆虫、小鸟等）是否有死亡、逃离事故现场等反应。

④ 水源、土壤和空气。事故现场和周边的水源是否有变色、鱼类死亡的现象；土壤受危险品（主要是液态和固态危险品）污染后的颜色是否有变化；在地面、下水道和低洼处是否有气体沉积，或是在事故核心区上方是否有毒气初生云生成，借此判断危险品的密度。

⑤ 气味。闻灾害事故现场的气味，可由消防部队的指挥员在安全区来完成。如闻到水果香味，一般可判断为芳香烃类物质，或是沙林等神经性毒剂；如闻到臭鸡蛋味，则可初步判断为硫化氢；如闻到苦杏仁味，则可初步判断为氢氰酸。

⑥ 事故现场的其他异常情况。观察现场周边动植物来初步判断事故类型，如现场出现大量动物尸体，且周边植物明显枯萎时，可初步判断为化学灾害事故；再如当现场大量出现同一种或几种生物，且明显多于常规数量时，应加大生物危害的检测。

（2）观察事故对象

观察的主要内容包括下面 3 个方面：

① 燃烧（或泄漏、流淌）物质的相态、颜色、气味、包装式样与标识、泄漏在空气或水体中的表征、波及范围等。

② 盛装该物质的容器的完好程度、是否正在或可能受到威胁（如烘烤、爆炸、撞击、软化变形等）。

③ 灾情可能发生什么样的变化（是否会扩大，或在无外力的作用下是否能够保持现有状况，是否会对

人员、环境和财产造成重大影响）。

通过观察事故对象的特征，同时结合前期的询情和对周边环境的观察，就能更好地判断危险物质的种类。比如，现场出现小袋装液体，周围人员反应有特殊气味，且有人员伤亡时，则应先从剧毒危险化学品造成伤害的角度来开展检测。若现场出现泄漏并且产生大量白色烟雾，则可以判断该物质挥发性很强，且挥发产物极易溶入水。

四、对危险化学品的仪器检测

（1）仪器检测的原则

利用侦检器材开展检测工作应遵循准确、快速、灵敏和便捷的要求。即采用灵敏、简洁、快速的检测方法，在最短的时间内，准确查明造成事故的危险源种类，检测现场危险物质浓度，及时反映危险物质浓度变化情况和扩散蔓延情况，为高效处置事故提供科学的依据。

（2）仪器检测的顺序

利用侦检器材进行检测时应遵循先气体（包含气体、蒸气、挥发性液体、气溶胶）、再液体、最后固体的检测顺序。在检测未知气体时，应先氧气、再可燃气体、再检测毒气的顺序进行检测，这一顺序可以简单地归纳为"测氧测爆测毒气"。具体来看，仪器检测按下列顺序：

① 准备阶段，接警后，按事故现场防护标准，侦检人员进行一级防护；仪器准备，将侦检车上所有仪器开机、调试。

② 进入现场，侦检人员组成三人以上小组携带X5C（含5 m探头）、手持100、五合一、定性检测管进入危险区侦检，逐步靠近事故中心区。具体侦检流程见下图。

（3）仪器检测的路径和方法

通常选择从上风方向进入到事故中心区域，在同一个检测点应分别测量地面和离地面1.5 m处气体浓度，在封闭空间或室内还应测量门窗上沿气体浓度。对未知液体检测时，可先利用pH试纸检测其酸碱性。对容器盛装的液体，应在其开口的下风方向或开口处进行检测。对泄漏液体应在其泄漏口下风或泄漏形成的液面上进行检测其挥发性及挥发产物。对于泄漏产物在空气中明显形成烟雾的，则可直接对其烟雾实施检测。

五、常见化学物质分析

有毒有害化学品种类繁多，一般优先考虑侦检的原则为：事故频率较高的化合物（历年统计资料中发生事故）；毒性物质（毒性较大或毒性特殊、易燃易爆化合物）；常见化合物（生产、运输、储存、使用量较大的化合物）。

1. 常见环境污染物质

根据常见化学污染事故的化学污染成分及被污染的环境要素，优先考虑的侦检物质包括：

1）环境空气：氯气、氰化氢（HCN）、盐酸雾（HCl）、氢氟酸雾（HF）、硝酸雾、硫酸雾等。

2）地表水环境：pH值、COD、氰离子、氨离子、氯离子、氟离子、砷离子、铅离子、汞离子、苯、甲苯、硝基苯、甲醛、三氯甲烷、四氯化碳、敌百虫、敌敌畏、乐果等。

3）土壤环境：优先考虑重金属、有机污染物、有机磷农药、有机氯农药、杀鼠药等。

4）有机物：①烷烃类，如甲烷；②石油类，如汽油、柴油等；③烯烃类，如乙烯、乙炔等；④醇类，如甲醇、乙醇等；⑤苯系物，如苯、甲苯、乙苯、二甲苯等；⑥芳香烃类，如酚类（苯酚）、苯胺类等；⑦醛酮类，如甲醛、乙醛、丙酮、丁酮等。

2. 常用军用毒剂

① 神经性毒剂，如沙林，属速杀性毒剂。

② 糜烂性毒剂，如芥子气。

③ 全身中毒性毒剂，属氰类毒剂，速杀性化学毒剂，如 HCN、氯化氰（CNCl）。

④ 失能性毒剂，如毕兹（BZ），用爆炸法或热分散法形成气溶胶，呈白色烟雾，通过呼吸道中毒。

⑤ 窒息性毒剂，如光气、双光气。

3. 未知化学物质初步定性方法

在未知化学物质侦检现场，可通过特征颜色和特征气味进行初步定性判断化学物质的种类。

（1）根据特征气味和颜色判定

1）黄色：可能是硝基化合物、亚硝基化合物；偶氮类化合物（也有红色或紫色的）、氧化偶氮化合物（也有橙黄色的）。

2）红色：可能是某些偶氮化合物（也有黄色或

紫色等）；在空气中放置较久的苯酚。

3）棕色：可能是某些偶氮化合物（多为黄色，也有红色或紫色的）、苯胺（新蒸馏出来的为淡黄色的）。

4）芳香（苦杏仁香）：典型的有硝基苯、苯甲醛。

5）芳香（柠檬香）：典型的有乙酸沉香酯。

6）蒜臭：典型的化合物有二硫醚。

7）焦臭：典型的化合物有异丁醇、苯胺、甲酚。

8）腐臭：典型的化合物有己酸、甲基庚基甲酮。

9）烟粪臭：典型的化合物有粪臭素，吲哚。

（2）部分物质的特征颜色或气味

1）氟（F_2）：淡黄色气体，有刺激性气味。

2）氟化氢（HF）：具有特殊刺激臭味。

3）溴（Br_2）：棕红色发烟液体，具有独特窒息感的臭味。

4）氯（Cl_2）：黄绿色、具有异臭的强烈刺激性气体。

5）三氯化磷（PCl_3）：无色液体，具有刺激性，在潮湿空气中可产生盐酸雾。

6）三氯氧磷（$POCl_3$）：无色发烟液体。其蒸气属刺激性气体，在空气中被水蒸气分解成磷酸和氯化氢，呈烟雾状。

7）氨气（NH_3）：一种无色有强烈臭味的刺激性气体，燃烧时火焰带绿色。

8）甲醇：无色、易燃、极易挥发性液体，纯品略有酒精气味。

9）二氧化氮（NO_2）：在低温下为淡黄色，室温下为棕红色，浓度达 0.12 μL/L 时，人会感到有臭味。

10）二氧化硫（SO_2），具有强烈辛辣、特殊臭味气体。

11）硫化氢（H_2S）：无色，具有臭鸡蛋的臭味，刺激。浓度达 1.5 mg/m³ 时就可以用嗅觉辨出；但当浓度达到 3000 mg/m³ 时，由于嗅觉神经麻痹，反而嗅不出来。

12）氰化氢（HCN）：无色气体或液体，具有苦杏仁气味。

13）二硫化碳（CS_2）：具有烂白菜味。

14）苯：具有特殊芳香气味的无色、易挥发和易燃的油状液体。

15）甲苯、二甲苯：无色透明液体，有强烈芳香气味。

16）砷化氢（AsH_3）：无色气体，具有大蒜样臭味。

4. 常见有机化学物质定性及半定量分析方法选用建议（参考中国环境监测总站《突发环境污染事件应急监测技术规范》）

1）阴离子洗涤剂（水）：水质检测管法、化学测试组件法、比色计/光度计法、便携式分光光度计法。

2）二乙基羟胺(DEHA)（水、土壤）：化学测试组件法、便携式比色计/光度计法。

3）CS_2（环境空气、水、土壤）：现场吹脱捕集－检测管法、化学测试组件法、便携式气相色谱法。

4）甲醛类（环境空气、水、土壤）：检测试纸法、气体检测管法、水质检测管法、化学测试组件法、便携式检测仪法。

5）石油类（环境空气、水、土壤）：气体检测管法、水质检测管法、便携式 VOC 检测仪法、便携式气相色谱法。

6）烷烃类（环境空气、水、土壤）：气体检测管法、便携式 VOC 检测仪法、便携式气相色谱法、便携式气相色谱 – 质谱联用法、便携式红外分光光度法。

7）烯炔烃类（环境空气、水、土壤）：气体检测管法、便携式 VOC 检测仪法、便携式气相色谱法、便携式气相色谱 – 质谱联用法、便携式红外分光光度法。

8）醇类（环境空气、水、土壤）：气体检测管法、便携式气相色谱法、便携式气相色谱 – 质谱联用法、便携式红外分光光度法。

9）醛酮类（环境空气、水、土壤）：气体检测管法、便携式气相色谱法、便携式气相色谱 – 质谱联用法、便携式红外分光光度法。

10）卤代烃类（环境空气、水、土壤）：气体检测管法、便携式 VOC 检测仪法、现场吹脱捕集 – 检测管法、便携式气相色谱法、便携式气相色谱 – 质谱联用法、便携式红外分光光度法。

11）氰 / 腈类（环境空气、水、土壤）：气体检测管法、便携式气相色谱法、便携式气相色谱 – 质谱联用法、便携式红外分光光度法。

12）苯系物（环境空气、水、土壤）：气体检测管法、现场吹脱捕集 – 检测管法、便携式 VOC 检测仪法、便携式气相色谱法、便携式气相色谱 – 质谱联用法、便携式红外分光光度法。

13）酚类及其衍生物（环境空气、水、土壤）：气体检测管法、水质检测管法、化学测试组件法、便携式比色计 / 光度计法、便携式分光光度计法、便携式气相色谱法、便携式气相色谱 – 质谱联用法、便携式红外分光光度法。

14）氯苯类（环境空气、水、土壤）：气体检测管法、便携式气相色谱法、便携式气相色谱 – 质谱联用法、便携式红外分光光度法。

15）苯胺类（环境空气、水、土壤）：气体检测管法、便携式气相色谱法、便携式气相色谱 – 质谱联用法、便携式红外分光光度法。

16）硝基苯类（环境空气、水、土壤）：气体检测管法、便携式气相色谱法、便携式气相色谱 – 质谱联用法、便携式红外分光光度法。

17）醚酯类（环境空气、水、土壤）：气体检测管法、便携式气相色谱法、便携式气相色谱 – 质谱联用法、便携式红外分光光度法。

18）有机磷农药（环境空气、水、土壤）：残留农药测试组件法、便携式气相色谱法、便携式气相色谱 – 质谱联用法、便携式红外分光光度法。

19）硫醚类（空气）：便携式气相色谱质谱联用法。

20）碳氢类（空气）：电化学传感器法、便携式气相色谱质谱联用法；碳氢类（水、土壤）：检测试纸法、水质检测管法、便携式比色计/光度计法、便携式红外光谱仪器法。

六、侦测程序

（1）初步判断

当接到报警后，消防特勤到达突发事件现场，一般有以下几种情况：①发现不明化学物质，包括挖掘、仓库、非法丢弃等出现的不明物质；②特殊气味、不同寻常的颜色变化；③人员和动植物的突然中毒甚至死亡。在上述情况下，可以根据现场的气味、人员中毒情况等初步判断可能的有毒有害物质，有针对性地开展侦检工作。

（2）实施侦检

实施侦检首先需要制定侦检方案，明确侦检目的、范围：

1）正确选择检测点。根据现场情况，室内浓度低时应靠近化学气体散发点，寻找毒气毒物位置。如在室外，应迎风侦检，选择毒物飘移经过的路径。

2）灵活选择侦检器材和方法。开展应急侦检工作需要选择适合的侦检器材进行侦检，北京消防部队配备的常用化学物质应急侦检装备主要用于气体检测，包括：

① 可燃气体检测仪、德尔格五合一。主要用于存在易燃易爆危险化学物质的现场，可燃气体的快速检测。

② 化学毒剂/军事战剂检测仪 CP100。主要用

于存在军事毒剂污染可能性的现场。

③ 气体检测管。选取相应检测管，检测相应化学物质，主要用于无机气体的快速判断。

④ CMS 检测仪。与检测管用途相似，浓度检测比检测管精确。

⑤ 便携式气相色谱质谱连用仪 HAPSITE。可用于大部分有机气体的检测。

将侦检得到的结果、现场情况结合平时侦检积累的经验加以系统分析，得到正确结论。

七、侦测报告

化学突发事件报告程序存在两种情况：①一般化学突发事件接到报警，情况不严重，影响较小，现场情况不明了，中队到达现场先期了解处置；②重大化学突发事件接到报警，现场情况较为严重，市消防局领导直接到达现场指挥。侦检小组的检测结果应向现场领导小组报告，由领导小组报告现场指挥部，市消防局领导未到达现场应将侦检结果和现场情况同时向市消防局报告。应急侦检及报告程序见下图。

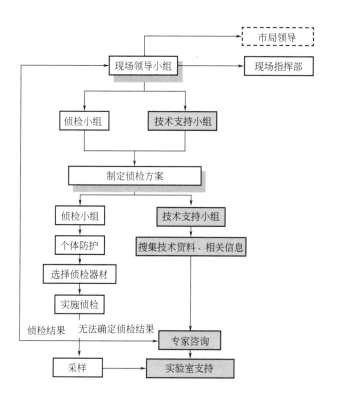

市局领导

现场领导小组 → 现场指挥部

侦检小组　技术支持小组

制定侦检方案

侦检小组　技术支持小组

个体防护　搜集技术资料、相关信息

选择侦检器材

实施侦检

侦检结果　无法确定侦检结果　专家咨询

采样 → 实验室支持

A

氨

一、基本信息

别名 / 商用名：液氨；氨气	
UN 号：1005	CAS 号：7664-41-7
分子式：NH_3	分子量：17.03
熔点 / 凝固点：–77.7 ℃	沸点：–33.5 ℃
闪点：	
自燃温度：651 ℃	爆炸极限：15.7%~27.4%（体积比）
GHS 危害标签：	GHS 危害分类： • 易燃气体：类别 2 • 高压气体：压缩气体 • 皮肤腐蚀 / 刺激：1B • 严重眼损伤 / 刺激：类别 1 • 急毒性吸入：类别 3 • 危害水生环境 - 急性毒性：类别 1
外观及性状：常温常压下为无色液体或气体，有强烈的刺激性气味。	

二、现场快速检测方法

泵吸式便携氨气检测报警器（GASTiger2000-NH₃）：0~50 μL/L，0~100 μL/L，0~200 μL/L，0~500 μL/L，0~1000 μL/L，0~2000 μL/L，0~5000 μL/L（检测范围）。

三、危险性

• 危险性类别：2.3 类　有毒气体

• 燃烧及爆炸危险性
　易燃，能与空气形成爆炸性混合物，包装容器受热可发生爆炸。

• 健康危害
　1. 急性毒性：LD_{50} = 350 mg/kg（大鼠经口）；LC_{50} = 1390 mg/m³（大鼠吸入）。

2. 强烈性气体，对眼和呼吸道有强烈刺激和腐蚀作用。
3. 急性氨中毒引起眼和呼吸道刺激症状。
4. 可致眼和皮肤灼伤。

四、个人防护建议（NIOSH）

1. 皮肤：穿戴合适的个人防护服，防止皮肤直接接触。
2. 眼睛：佩戴合适的眼部防护用品。
3. 呼吸：佩戴正压式呼吸器。
4. 设施配备：应配备快速冲淋洗浴设备或眼冲洗设备，以应急使用。

五、应急处置

- 急救措施（NIOSH）
  1. 皮肤：如果该化学物质直接接触皮肤，立即用水冲洗污染的皮肤。（溶液）
  2. 眼睛：提起眼睑，用流动水清洗。立即就医。
  3. 吸入：迅速脱离现场，至空气新鲜处，保持呼吸道流畅。如有呼吸困难，需要进行输氧；呼吸心跳停止，立即进行心肺复苏术。就医。
  4. 误服：如果吞入该化学物质，应立即就医。（溶液）

- 灭火
  用砂土、雾状水、抗溶性泡沫或二氧化碳灭火器。

- 疏散和隔离（ERG）
  1. 小量泄漏，初始隔离 30 m，下风向疏散白天 100 m、夜晚 200 m；大量泄漏，初始隔离 150 m，下风向疏散白天 800 m、夜晚 2300 m。
  2. 火场内如有储罐、槽车或罐车，四周隔离 1600 m、考虑撤离隔离区的人员性质；疏散无关人员或划定警戒区；在上风处停留，勿进入低洼处；进入密闭空间之前必须先通风。

- 现场环境应急（泄漏处置）
  1. 消除所有点火源（禁止吸烟，消除所有明火、火花或火焰）；作业时所有设备应接地；禁止接触或跨越泄漏物。
  2. 禁止直接接触污染物。作业时所有设备应接地。
  3. 确保安全时，关阀、堵漏等以切断泄漏源。

- 危险废物处置
  废料液用水稀释，加盐酸中和后，排入下水道。

A

氨基磺酸

一、基本信息

别名/商用名：磺酰胺酸；磺酸胺；氨磺酸	
UN号：2967	CAS号：5329-14-6
分子式：H_3NO_3S	分子量：97.09
熔点/凝固点：205 ℃	沸点：209 ℃
闪点：	
自燃温度：	爆炸极限：
GHS危害标签： 	GHS危害分类： • 皮肤腐蚀/刺激：类别2 • 严重眼损伤/眼刺激：类别2A • 危害水生环境-慢性毒性：类别3

外观及性状：白色结晶体，无臭无味。溶于水、液氨，不溶于乙醇、乙醚，微溶于甲醇。受热分解，放出氮、硫的氧化物等毒性气体。

二、现场快速检测方法

便携式液相色谱-质谱仪：0.5~100 mg/L（检测范围）；0.5 mg/L（检测限）。

三、危险性

• 危险性类别：8.1类　酸性腐蚀性物质
• 燃烧及爆炸危险性
不燃，腐蚀性、强刺激性，可致人体灼伤。
• 健康危害
1. 急性毒性：LD_{50} = 3160 mg/kg（大鼠经口）。
2. 吸入：刺激上呼吸道。
3. 皮肤或眼睛：强烈刺激或造成灼伤。
4. 口服：灼伤口腔和消化道。

四、个人防护建议（NIOSH）

1. 皮肤：穿戴合适的个人防护服，防止皮肤直接接触。
2. 呼吸：如接触，则需佩戴头罩型电动送风过滤式防尘呼吸器。必要时，佩戴空气呼吸器。
3. 其他：工作现场禁止吸烟、进食和饮水。工作完毕，淋浴更衣。被毒物污染衣服单独存放、清洗。须定期体检。

五、应急处置

• 急救措施（NIOSH）
   1. 皮肤：脱掉污染衣着，流动水冲洗。就医。
   2. 眼睛：提起眼睑，流动清水或生理盐水冲洗。就医。
   3. 吸入：脱离现场至空气新鲜处，保持呼吸道通畅。如呼吸困难，给输氧。如呼吸停止，进行人工呼吸。就医。
   4. 误服：用水漱口，饮牛奶或蛋清解毒。就医。

• 灭火
   用砂土，雾状水，泡沫或二氧化碳灭火器。

• 疏散和隔离（ERG）
   1. 立即在所有方向上隔离泄漏区，液体至少 50 m，固体至少 25 m。
   2. 如火场内有储罐、槽车或罐车，在四周隔离 800 m；考虑初始撤离 800 m。

• 现场环境应急（泄漏处置）
   1. 撤离泄漏污染区人员至安全区；隔离污染区，严格限制出入。
   2. 应急处理人员戴全面罩防尘面具，穿防酸碱工作服。勿直接接触泄漏物。
   3. 小量泄漏：扫起，收集于干燥、洁净、有盖容器中。或用大量水冲洗，洗水稀释后放入废水系统。
   4. 大量泄漏：收集回收或运至废物处理场所。

• 危险废物处置
   用焚烧法。焚烧炉排出的硫氧化物通过洗涤器除去。

丙烯

B

一、基本信息	
别名 / 商用名：1- 丙烯；甲基乙烯	
UN 号：1077	CAS 号：115-07-1
分子式：C_3H_6	分子量：42.08
熔点 / 凝固点：–191.2 ℃	沸点：–47.7 ℃
闪点：–108 ℃	
自燃温度：455 ℃	爆炸极限：1.0%~15.0%（体积比）
GHS 危害标签：	GHS 危害分类： • 易燃气体：类别 1A • 高压气体：压缩气体
外观及性状：无色气体，略带烃类特有的气味。溶于乙醇和乙醚。	

二、现场快速检测方法

便携式丙烯检测仪（TD-1200H-C_3H_6）：0~10 μL/L，0~50 μL/L，0~100 μL/L，0~200 μL/L，0~500 μL/L，0~1000 μL/L（检测范围）。

三、危险性

• 危险性类别：2.1 类　易燃气体

• 燃烧及爆炸危险性
  1. 极易燃，与空气混合能形成爆炸性混合物，遇热源或明火有燃烧爆炸危险。
  2. 蒸气比空气重，能在较低处扩散到相当远的地方，遇火源会着火回燃。
  3. 受热能发生聚合反应，甚至导致燃烧爆炸。

• 健康危害
  1. 急性毒性：LC_{50} = 658000 mg/m³（4 h，大鼠吸入）。

2. 有麻醉作用。
3. 吸入高浓度后可产生头晕／乏力，甚至意思丧失。严重中毒时出现血压下降和心律失常。
4. 皮肤接触液态丙烯可引起冻伤。

四、个人防护建议（NIOSH）

1. 皮肤：穿简易防化服。
2. 眼睛：佩戴合适的眼部防护用品。
3. 呼吸：戴正压自给式空气呼吸器。
4. 设施配备：应配备快速冲淋洗浴设备或眼冲洗设备，以应急使用。

五、应急处置

• 急救措施
  1. 皮肤：如发生冻伤，将患部浸泡于保持 38~45 ℃的温水中复温，就医。
  2. 眼睛：提起眼睑，用流动水或生理盐水清洗。就医。
  3. 吸入：迅速脱离现场，至空气新鲜处，保持呼吸道流畅。如有呼吸困难，进行输氧；呼吸心跳停止，立即进行心肺复苏术。就医。
  4. 误服：如果吞入该化学物质，应立即就医。

• 灭火
  用雾状水、泡沫、二氧化碳或干粉灭火器。

• 疏散和隔离（ERG）
  1. 泄漏隔离距离至少为 100 m。如果为大量泄漏，下风向的初始疏散距离应至少为 800 m。
  2. 火场内如有原油储罐、槽车或罐车，四周隔离 1600 m。考虑撤离隔离区的人员、物资；疏散无关人员并划定警戒区；在上风处停留，切勿进入低洼处；进入密闭空间之前必须先通风。

• 现场环境应急（泄漏处置）
  1. 消除所有点火源（禁止吸烟，消除所有明火、火花或火焰）。禁止接触或跨越泄漏物。
  2. 使用防爆的通信工具。
  3. 禁止直接接触污染物。作业时所有设备应接地。
  4. 确保安全时，关阀、堵漏等以切断泄漏源。
  5. 防止气体通过下水道、通风系统扩散或者进入限制性空间。

百草枯

一、基本信息

别名／商用名：1,1-二甲基-4,4'-联吡啶鎓盐二氯化物	
UN号：2781	CAS号：1910-42-5
分子式：$C_{12}H_{14}N_2Cl_2$	分子量：257.16
熔点／凝固点：175~180 ℃	沸点：300 ℃
闪点：	
自燃温度：	爆炸极限：
GHS危害标签： 	GHS危害分类： • 急毒性-口服、皮肤：类别3 • 皮肤腐蚀／刺激：类别2 • 严重眼损伤／眼刺激：类别2A • 急毒性-吸入：类别2 • 特定目标器官毒性-单次接触／呼吸道刺激：类别3 • 特定目标器官毒性-重复接触：类别1 • 危害水生环境-急性、慢性毒性：类别1
外观及性状：白色粉末。	

二、现场快速检测方法

1. 百草枯检测试剂盒（尿液）：1 mg/L（检测限）。
2. 便携式液相色谱-质谱仪：0.1~100 mg/L（检测范围）；0.1 mg/L（检测限）。

三、危险性

• 危险性类别：6类　毒性物质

• 燃烧及爆炸危险性
　可燃、有毒

- 健康危害
  1. 急性毒性：LD_{50} = 139~162 mg/kg（大鼠经口）。
  2. 误服：引起口腔、咽部炎性损伤，食管炎、胃炎，对心、肝、肾有损害。
  3. 中毒现象：终末支气管和肺泡上皮独特的增生。中毒数日后，出现呼吸困难、紫绀、呼吸衰竭，往往导致死亡。
  4. 职业接触中毒：由皮肤污染引起，长期接触可引起指甲损伤、鼻出血和皮炎。

四、个人防护建议（NIOSH）

  1. 皮肤：穿戴个人防护服，防止皮肤直接接触。
  2. 眼睛：戴化学安全防护眼镜。
  3. 呼吸：粉尘浓度超标，佩戴自吸过滤式防尘口罩。紧急事态抢救或撤离时，佩戴空气呼吸器。
  4. 其他：工作现场禁止吸烟、进食和饮水。工作完毕，淋浴更衣。被毒物污染衣服单独存放、清洗。须定期体检。

五、应急处置

- 急救措施（NIOSH）
  1. 皮肤：脱去污染衣着，用肥皂水及流动清水冲洗污染的皮肤、头发、指甲等。就医。
  2. 眼睛：提起眼睑，用流动清水或生理盐水冲洗。就医。
  3. 吸入：脱离现场至空气新鲜处。如呼吸困难，给输氧。就医。
  4. 误服：饮足量温水，催吐。洗胃，导泻。就医。

- 灭火
  采用干粉、雾状水、泡沫或二氧化碳灭火器。

- 疏散和隔离（ERG）
  1. 立即在所有方向上隔离泄漏区，液体至少 50 m，固体至少 25 m。
  2. 火场内如有储罐、槽车或罐车，四周隔离 800 m，考虑初始撤离 800 m。

- 现场环境应急（泄漏处置）
  润湿防止扬尘。将泄漏物清扫进可密闭容器中。用砂土或惰性吸收剂吸收残液，并转移到安全场所。

苯

B

一、基本信息

别名：净苯；困净苯；安息油；苯查儿；纯苯；精苯	
UN 号：1114	CAS 号：71-43-2
分子式：C_6H_6	分子量：78.11
熔点 / 凝固点：5.5 ℃	沸点：80.1 ℃
闪点：−11℃	
自燃温度：560 ℃	爆炸极限：1.2%~8.0%（体积比）
GHS 危害标签：	GHS 危害分类：

GHS 危害分类：
- 易燃液体：类别 2
- 吸入危险：类别 1
- 皮肤腐蚀 / 刺激：类别 2
- 严重眼损伤 / 眼刺激：类别 2A
- 生殖细胞致突变性：类别 1B
- 致癌性：类别 1A
- 特定目标器官毒性 - 重复接触：类别 1
- 危害水生环境 - 急性毒性：类别 2
- 危害水生环境 - 慢性毒性：类别 3

外观及性状：无色透明液体，有强烈芳香味。

二、现场快速检测方法

泵吸式苯系物检测仪（GT-903-C_6H_6）：0~2 μL/L，0~10 μL/L，0~50 μL/L，0~100 μL/L，0~200 μL/L，0~1000 μL/L，0~2000 μL/L，0~6000 μL/L，0~10000 μL/L（检测范围）。

三、危险性

- 危险性类别：3.2 类　中闪点易燃液体

- 燃烧及爆炸危险性
  1. 易燃，蒸气可与空气形成爆炸性混合物，遇明火高温能引起燃烧爆炸。
  2. 其蒸气比空气重，能在较低处扩散到相当远的地方，遇明火会引着回燃。
  3. 遇高热则容器内压增大，有开裂式爆炸的危险。

- 健康危害
  1. 急性毒性：$LD_{50} = 3306$ mg/kg（大鼠经口）。
  2. 高浓度苯对中枢神经系统有麻醉作用，引起急性中毒。
  3. 长期接触苯对造血系统有损害，引起慢性中毒。

四、个人防护建议（NIOSH）

1. 皮肤：穿戴合适的个人防护服，防止皮肤直接接触。
2. 眼睛：佩戴合适的眼部防护用品。
3. 呼吸：戴正压自给式空气呼吸器。
4. 设施配备：应配备快速冲淋洗浴设备或眼冲洗设备，以应急使用。

五、应急处置

- 急救措施
  1. 皮肤：如果该化学物质直接接触皮肤，立即用水冲洗污染的皮肤。
  2. 眼睛：提起眼睑，用流动水清洗。就医。
  3. 吸入：迅速脱离现场，至空气新鲜处，保持呼吸道流畅。如有呼吸困难，进行输氧；呼吸心跳停止，立即进行心肺复苏术。就医。
  4. 误服：立即就医。

- 灭火
  用砂土，泡沫、干粉或二氧化碳灭火器。用水灭火无效（闪点很低）。

- 疏散和隔离（ERG）
  1. 泄漏隔离距离至少为50 m。如果为大量泄漏，下风向的初始疏散距离应至少为300 m。
  2. 火场内如有原油储罐、槽车或罐车，四周隔离800 m。考虑撤离隔离区的人员、物资；疏散无关人员并划定警戒区；在上风处停留，切勿进入低洼处；进入密闭空间之前必须先通风。

- 现场环境应急（泄漏处置）
  1. 消除所有点火源（禁止吸烟，消除所有明火、火花或火焰）。禁止接触跨越泄漏物。
  2. 使用防爆的通信工具。作业时所有设备应接地。
  3. 禁止直接接触污染物。作业时所有设备应接地。
  4. 确保安全时，关阀、堵漏等以切断泄漏源。
  5. 小量泄漏：用砂土或其他不燃材料吸收。使用洁净的无火花工具收集吸收材料。
  6. 大量泄漏：构筑围堤或挖坑收容。用泡沫覆盖，减少蒸发。喷水雾能减少蒸发，但不能降低泄漏物在受限制空间内的易燃性。用防爆泵转移至槽车或专用收集器内。

- 危险废物处置
  用焚烧法。

B

苯胺

一、基本信息

别名/商用名：氨基苯；阿尼林；阿尼林油	
UN 号：1547	CAS 号：62-53-3
分子式：C_6H_7N	分子量：93.12
熔点/凝固点：–6.2 ℃	沸点：184.4 ℃
闪点：70 ℃	
自燃温度：	爆炸极限：1.3%~11.0%（体积比）
GHS 危害标签：	GHS 危害分类： • 急毒性 - 口服：类别 3 • 急毒性 - 皮肤：类别 3 • 皮肤敏化作用：类别 1 • 严重眼损伤/眼刺激：类别 1 • 急毒性 - 吸入：类别 3 • 生殖细胞致突变性：类别 2 • 特定目标器官毒性 - 重复接触：类别 1 • 危害水生环境 - 急性毒性：类别 1 • 危害水生环境 - 慢性毒性：类别 2
外观及性状：无色至浅黄色透明液体，有强烈气味。暴露在空气中或在日光下变成棕色。微溶于水，溶于乙醇、乙醚、苯。	

二、现场快速检测方法

便携式苯胺检测仪（AKBT-C_6H_7N）：0~20 μL/L，0~50 μL/L，0~200 μL/L，0~1000 μL/L，0~2000 μL/L，0~10000 μL/L，0~40000 μL/L（检测范围）。

三、危险性

• 危险性类别：6.1 类　毒性物质

• 燃烧及爆炸危险性
  1. 易燃，蒸气可与空气形成爆炸性混合物，遇明火高热能引起燃烧爆炸。
  2. 燃烧产生有毒的刺激性的氮氧化物气体。
  3. 蒸气比空气重，能在较低处扩散到相当远的地方遇火源会着火回燃。
  4. 遇高热，容器内压增大，有开裂或爆炸的危险。

- 健康危害
  1. 急性毒性：小鼠吸入 LC_{50} = 665 mg/m³（7 h）；LD_{50} = 820 mg/kg（兔经皮），LD_{50} = 250 mg/kg（大鼠经口）。
  2. 可经过呼吸道和皮肤吸收。
  3. 苯胺的毒作用，主要因形成的高铁血红蛋白所致，造成组织缺氧，引起中枢神经系统、心血管系统和其他脏器损害。

四、个人防护建议（NIOSH）

1. 皮肤：穿戴合适的个人防护服，防止皮肤直接接触。
2. 眼睛：佩戴合适的眼部防护用品。
3. 呼吸：戴正压自给式空气呼吸器。
4. 设施配备：应配备快速冲淋洗浴设备或眼冲洗设备，以应急使用。

五、应急处置

- 急救措施
  1. 皮肤：如果该化学物质直接接触皮肤，立即用肥皂水冲洗污染的皮肤。
  2. 眼睛：提起眼睑，用流动水清洗。就医。
  3. 吸入：迅速脱离现场，至空气新鲜处，保持呼吸道流畅。如有呼吸困难，进行输氧；呼吸心跳停止，立即进行心肺复苏术。就医。
  4. 误服：立即就医。

- 灭火
  用干粉、雾状水、泡沫或二氧化碳火器。

- 疏散和隔离（ERG）
  1. 液体泄漏隔离距离至少为 50 m，如果为大量泄漏，则在初始隔离距离上加大下风向的疏散距离。
  2. 火场内有原油储罐、槽车或罐车，四周隔离 800 m。考虑撤离隔离区的人员、物资；疏散无关人员并划定警戒区；在上风处停留，切勿进入低洼处；进入密闭空间之前必须先通风。

- 现场环境应急（泄漏装置）
  1. 消除所有点火源（禁止吸烟，消除所有明火、火花或火焰）。禁止接触跨越泄漏物。
  2. 使用防爆的通信工具。
  3. 禁止直接接触污染物。作业时所有设备应接地。
  4. 确保安全时，关阀、堵漏等以切断泄漏源。
  5. 小量泄漏：用干燥的砂土或其他不燃材料吸收或覆盖，收集于容器中。
  6. 大量泄漏：构筑围堤或挖坑收容。用石灰粉吸收大量液体。用泵转至槽车或专用收集器内。

- 危险废物处置
  用焚烧法。

B

苯酚

一、基本信息

别名 / 商用名：石炭酸；酚；困体苯酚；羟基酚；工业酚	
UN 号：1671	CAS 号：108-95-2
分子式：C_6H_6O	分子量：94.11
熔点 / 凝固点：40.6 ℃	沸点：181.9 ℃
闪点：79 ℃	
自燃温度：715℃	爆炸极限：1.7%~8.6%（体积比）
GHS 危害标签：	GHS 危害分类： • 急毒性 - 口服：类别 3 • 急毒性 - 皮肤：类别 3 • 皮肤腐蚀 / 刺激：类别 1B • 严重眼损伤 / 眼刺激：类别 1 • 急毒性 - 吸入：类别 3 • 生殖细胞致突变性：类别 2 • 特定目标器官毒性 - 重复接触：类别 2 • 危害水生环境 - 急性毒性：类别 2 • 危害水生环境 - 慢性毒性：类别 2
外观及性状：无色或白色晶体，有特殊气味。在空气中及光线作用下变为粉红色甚至红色。可混溶于乙醇、醚、氯仿、甘油。	

二、现场快速检测方法

泵吸式苯酚检测仪（MHY-24453）：0~10 μL/L，0~50 μL/L，0~1000 μL/L，0~2000 μL/L，0~6000 μL/L（检测范围）。

三、危险性

• 危险性类别：6.1 类　毒性物质

• 燃烧及爆炸危险性
可燃

• 健康危害
1. 急性毒性：LC_{50} = 316 mg/m^3（4 h，大鼠吸入）；LD_{50} = 630 mg/kg（兔经皮），317 mg/kg（大鼠经口）。

2. 对皮肤、黏膜有强烈的腐蚀作用，可抑制中枢神经或损害肝、肾功能。
3. 眼接触可致灼伤。
4. 可经灼伤皮肤吸收经一定潜伏期后引起急性肾功能衰竭。
5. 误服引起消化道灼烧，重者可致死。

四、个人防护建议（NIOSH）

1. 皮肤：穿戴合适的个人防护服，防止皮肤直接接触。
2. 眼睛：佩戴合适的眼部防护用品。
3. 呼吸：佩戴全防型滤毒罐。
4. 设施配备：应配备快速冲淋洗浴设备或眼冲洗设备，以应急使用。

五、应急处置

- 急救措施
  1. 皮肤：如果该化学物质直接接触皮肤，立即用水冲洗污染的皮肤。
  2. 眼睛：提起眼睑，用流动水清洗。就医。
  3. 吸入：迅速脱离现场，至空气新鲜处，保持呼吸道流畅。如有呼吸困难，进行输氧；呼吸心跳停止，立即进行心肺复苏术。就医。
  4. 误服：立即就医。

- 灭火
用雾状水、抗溶性泡沫、干粉或二氧化碳灭火器。

- 疏散和隔离（ERG）
  1. 固体泄漏隔离距离至少为25 m；如果为大量泄漏，则在初始隔离距离的基础上加大下风向的疏散距离。
  2. 火场内如有原油储罐、槽车或罐车，四周隔离800 m。考虑撤离隔离区的人员、物资；疏散无关人员并划定警戒区；在上风处停留，切勿进入低洼处；进入密闭空间之前必须先通风。

- 现场环境应急（泄漏处置）
  1. 消除所有点火源（禁止吸烟，消除所有明火、火花或火焰）。禁止接触或跨越泄漏物。
  2. 使用防爆的通信工具。
  3. 禁止直接接触污染物。作业时所有设备应接地。
  4. 确保安全时，关阀、堵漏等以切断泄漏源。
  5. 小量泄漏应采用干石灰、苏打水覆盖。
  6. 大量泄漏应收集回收或运至废物处理场所。

B

苯乙烯

一、基本信息

别名/商用名：乙烯基苯；乙烯苯；苏合香烯；斯替林	
UN 号：2055	CAS 号：100-42-5
分子式：C_8H_8	分子量：104.14
熔点/凝固点：–30.6 ℃	沸点：146 ℃
闪点：34.4 ℃	
自燃温度：490 ℃	爆炸极限：1.1%~6.1%（体积比）
GHS 危害标签： 	GHS 危害分类： • 易燃液体：类别 3 • 皮肤腐蚀/刺激：类别 2 • 严重眼损伤/眼刺激：类别 2A • 致癌性：类别 2 • 生殖毒性：类别 2 • 特定目标器官毒性 - 重复接触：类别 1 • 危害水生环境 - 急性毒性：类别 2
外观及性状：无色透明油状液体。不溶于水，溶于乙醇、乙醚等多数有机溶剂。	

二、现场快速检测方法

　　苯乙烯检测管（NO.124L）：2~25 mg/L，25~100 mg/L（检测范围）；0.5 mg/L（检测限）。

三、危险性

• 危险性类别：3.3 类　高闪点易燃液体

• 燃烧及爆炸危险性
　1. 易燃，蒸气可与空气形成爆炸性混合物，遇明火、高热能引起燃烧爆炸。
　2. 蒸气比空气重，能在较低处扩散到相当远的地方，遇火源会着火回燃。
　3. 有机过氧化物、丁基锂、偶氮异丁腈等易引发苯乙烯聚合反应，甚至发生爆聚，导致苯乙烯单体发生燃烧爆炸。
　4. 若遇高热，容器内压增大，有开裂或爆炸的危险。

- 健康危害
  1. 急性毒性：$LD_{50} = 1000$ mg/kg（大鼠经口）；$LC_{50} = 24000$ mg/m³（4 h，大鼠吸入）。
  2. 可经呼吸道、皮肤和肠胃道吸收。
  3. 对眼、皮肤、黏膜和呼吸道有刺激作用。
  4. 高浓度时对中枢神经系统有麻醉作用。

四、个人防护建议（NIOSH）

1. 皮肤：穿合适的个人防护服，防止皮肤直接接触。
2. 眼睛：佩戴合适的眼部防护用品。
3. 呼吸：戴正压自给式空气呼吸器。
4. 设施配备：应配备快速冲淋洗浴设备或眼冲洗设备，以应急使用。

五、应急处置

- 急救措施
  1. 皮肤：如果该化学物质直接接触皮肤，立即用水冲洗污染的皮肤；如存在皮肤刺激症状，应就医。
  2. 眼睛：提起眼睑，用流动水清洗。就医。
  3. 吸入：迅速脱离现场，至空气新鲜处，保持呼吸道流畅。如有呼吸困难，进行输氧；呼吸心跳停止，立即进行心肺复苏术。就医。
  4. 误服：饮水，禁止催吐。就医。

- 灭火
  用砂土，泡沫、干粉或二氧化碳灭火器。

- 疏散和隔离（ERG）
  1. 泄漏隔离距离至少为100 m。如果为大量泄漏，下风向的初始疏散距离应至少为800 m。
  2. 火场内如有原油储罐、槽车或罐车，四周隔离800 m。考虑撤离隔离区的人员、物资；疏散无关人员并划定警戒区；在上风处停留，切勿进入低洼处；进入密闭空间之前必须先通风。

- 现场环境应急（泄漏处置）
  1. 消除所有点火源（禁止吸烟，消除所有明火、火花或火焰）。禁止接触或跨越泄漏物。
  2. 使用防爆的通信工具。作业时所有设备应接地。
  3. 禁止直接接触污染物。
  4. 确保安全时，关阀、堵漏等以切断泄漏源。
  5. 小量泄漏：用砂土或其他不燃材料吸收。使用洁净的无火花工具收集吸收材料。
  6. 大量泄漏：构筑围堤或挖坑收容。用石灰粉吸收大量液体。用泡沫覆盖，减少蒸发。喷水雾能减少蒸发，但不能降低泄漏物在受限制空间内的易燃性。用防爆泵转移至槽车或专用收集器内。

- 危险废物处置
  用焚烧法。

丙酮氰醇

B

一、基本信息

别名 / 商用名：氰丙醇；2- 羟基异丁腈；2- 甲基 -2- 羟基丙腈	
UN 号：1541	CAS 号：75-86-5
分子式：C_4H_7ON	分子量：85.11
熔点 / 凝固点：$-20\ ℃$	沸点：$120\ ℃$
闪点：$63\ ℃$	
自燃温度：$687.8\ ℃$	爆炸极限：
GHS 危害标签： 	GHS 危害分类： • 急毒性 - 口服：类别 2 • 急毒性 - 皮肤：类别 1 • 急毒性 - 吸入：类别 2 • 危害水生环境 - 急性毒性：类别 1 • 危害水生环境 - 慢性毒性：类别 1
外观及性状：无色或亮黄色的液体。易溶于水，易溶于乙醇、乙醚，溶于丙酮、苯，微溶于石油醚、二硫化碳。	

二、现场快速检测方法

1. 固定式丙酮氰醇气体泄漏检测仪：$0 \sim 200$ mg/L（检测范围）。
2. 便携式环境气体检测仪（pGas200-PSED-20s）：$0.1 \sim 100$ mg/L（检测范围）。

三、危险性

• 危险性类别：6.1 类　毒性物质

• 燃烧及爆炸危险性
  1. 易燃，蒸气可与空气形成爆炸性混合物，遇明火、高热能引起燃烧爆炸，放出有毒烟雾。
  2. 蒸气比空气重，能在较低处扩散到相当远的地方，遇火源会着火回燃。

• 健康危害
  1. 急性毒性：$LC_{50} = 575$ mg/L（2 h，小鼠吸入）；$LD_{50} = 17$ mg/kg（兔经皮），19.3 mg/kg（大鼠经口）。
  2. 剧毒化学品。可经呼吸道、消化道、和皮肤吸收引起中毒。

3. 毒作用与氢氰酸相似。早期中毒症状有无力、头昏、头痛、胸闷、心悸、恶心、呕吐和食欲减退等，严重者在数小时内死亡。对皮肤、黏膜有刺激作用。

四、个人防护建议（NIOSH）

1. 皮肤：穿戴合适的个人防护服，防止皮肤直接接触。
2. 眼睛：佩戴合适的眼部防护用品。
3. 呼吸：戴防毒面具。
4. 设施配备：应配备快速冲淋洗浴设备或眼冲洗设备，以应急使用。

五、应急处置

- 急救措施
  1. 皮肤：如果该化学物质直接接触皮肤，立即用水冲洗污染的皮肤。
  2. 眼睛：提起眼睑，用流动水清洗。就医。
  3. 吸入：迅速脱离现场，至空气新鲜处，保持呼吸道流畅。如有呼吸困难，进行输氧；呼吸心跳停止，立即进行心肺复苏术。就医。
  4. 误服：如伤者神志清醒，催吐、洗胃。就医。

- 灭火
  用砂土、雾状水、抗溶性泡沫、干粉或二氧化碳灭火器。

- 疏散和隔离（ERG）
  1. 如果为大量泄漏，则在初始隔离距离的基础上加大下风向的疏散距离。泄漏在水中时：小量泄漏，初始隔离 30 m，下风向疏散白天 100 m、夜晚 100 m；大量泄漏，初始隔离 100 m，下风向疏散白天 300 m、夜晚 1000 m。
  2. 火场内如有原油储罐、槽车或罐车，四周隔离 800 m。考虑撤离隔离区的人员、物资；疏散无关人员并划定警戒区；在上风处停留，切勿进入低洼处；进入密闭空间之前必须先通风。

- 现场环境应急（泄漏处置）
  1. 消除所有点火源（禁止吸烟，消除所有明火、火花或火焰）。禁止接触或跨越泄漏物。
  2. 使用防爆的通信工具。
  3. 禁止直接接触污染物。作业时所有设备应接地。
  4. 确保安全时，关阀、堵漏等以切断泄漏源。
  5. 小量泄漏：用干燥的砂土或其他不燃材料覆盖泄漏物。
  6. 大量泄漏：构筑围堤或挖坑收容。用石灰粉吸收大量液体。用泵转移至槽车或专用收集器内。喷雾状水驱散蒸气、稀释液体泄漏物。

B

丙烯腈

一、基本信息

别名 / 商用名：氰基乙烯；乙烯基氰；2- 丙烯腈；氰（代）乙烯；氰（基）乙烯

UN 号：1093	CAS 号：107-13-1
分子式：C_3H_3N	分子量：53.06
熔点 / 凝固点：–83.6 ℃	沸点：77.3 ℃
闪点：–5 ℃	
自燃温度：480 ℃	爆炸极限：2.8%~28.0%（体积比）

GHS 危害标签：

GHS 危害分类：
- 易燃物体：类别 2
- 急毒性物质口服、皮肤、吸入：类别 3
- 皮肤腐蚀 / 刺激：类别 2
- 严重眼损伤 / 眼刺激：类别 1
- 皮肤敏感作用：类别 1
- 致癌性：类别 2
- 特定目标的器官系统毒性物质 - 重复暴露：类别 1
- 水环境之危物物质（慢性毒性）：类别 2

外观及性状：无色液体，有桃仁气味。微溶于水，易溶于多数有机溶剂。

二、现场快速检测方法

便携式气相色谱仪：0.00025~0.003 mg/L（检测范围）；0.000005 mg/L（检测限）。

三、危险性

- 危险性类别：3.2 类　中闪点易燃液体
- 燃烧及爆炸危险性
  1. 易燃。
  2. 其蒸气与空气混合能形成爆炸性混合物，遇明火或高热能引起燃烧爆炸。
  3. 蒸气比空气重，能在较低处扩散到相当远的地方，遇火源会着火回燃。
  4. 受热或引发剂存在条件下能发生剧烈的聚合反应。
- 健康危害
  1. 急性毒性：LD_{50} = 78 mg/kg（大鼠经口）；LC_{50} = 333 mg/m^3（4 h）（大鼠吸入）。

2. 剧毒化学品，抑制呼吸酶，可经呼吸道、胃肠道和皮肤进入体内。吸入会导致头昏、恶心或昏迷等症状。
3. 液体污染皮肤，可致皮炎，局部出现红斑、丘疹或水疱。
4. 眼结膜充血。

四、个人防护建议（NIOSH）

1. 皮肤：穿戴合适的个人防护服，防止皮肤直接接触。
2. 眼睛：佩戴合适的眼部防护用品。
3. 呼吸：佩戴正压自给式空气呼吸器。
4. 衣物脱除：工作服被可燃性物质浸湿，应当立即脱除并妥善处置。
5. 设施配备：应配备快速冲淋洗浴设备或眼冲洗设备，以应急使用。

五、应急处置

- 急救措施
  1. 皮肤：如果该化学物质直接接触皮肤，立即用水冲洗污染的皮肤。
  2. 眼睛：提起眼睑，用流动水清洗。就医。
  3. 吸入：迅速脱离现场，至空气新鲜处，保持呼吸道流畅。如有呼吸困难，进行输氧，呼吸心跳停止，立即进行心肺复苏术。就医。
  4. 误服：立即就医。

- 灭火
  用砂土，抗溶性泡沫、二氧化碳或干粉灭火器。用水灭火无效（闪点低）。

- 疏散和隔离（ERG）
  1. 泄漏隔离距离至少为 50 m。如果为大量泄漏，在初始隔离距离的基础上加大下风向的疏散距离。
  2. 火场内如有储罐、槽车或罐车，四周隔离 800 m。考虑初始撤离 800 m。

- 现场环境应急（泄漏处置）
  1. 消除所有点火源（禁止吸烟，消除所有明火、火花或火焰）。禁止接触或跨越泄漏物。
  2. 使用防爆的通信工具。
  3. 禁止直接接触污染物。作业时所有设备应接地。
  4. 确保安全时，关阀、堵漏等以切断泄漏源。
  5. 少量泄漏：用活性炭或其他惰性材料吸收。也可以用大量水冲洗，洗液稀释后放入废水系统。
  6. 大量泄漏：构筑围堤或挖坑收容，用泡沫覆盖，降低蒸气灾害，用防爆泵转移至槽车或专用收集器内，回收或运至废物处理场所。
  7. 水体泄漏：沿河在下游筑坝拦截污染水，同时在上游开渠引流，让未受污染的水走新河道，加入过量的漂白粉（次氯酸钙）或次氯酸钠氧化污染物。

- 危险废物处置
  采用焚烧法处理，焚烧炉要有后燃烧室，焚烧炉排出的氮氧化物通过洗涤器除去。也可采用乙醇氢氧化钠法处理，将其产物同大量水一起排入下水道。

丙烯醛

B

一、基本信息

别名 / 商用名：丙 -2- 烯醛；烯丙醛；败脂醛	
UN 号：1092	CAS 号：107-02-8
分子式：C_3H_4O	分子量：56.06
熔点 / 凝固点：−87.7 ℃	沸点：52.5 ℃
闪点：−26℃	
自燃温度：220 ℃	爆炸极限：2.8%~31.0%（体积比）
GHS 危害标签：	GHS 危害分类： • 易燃液体：类别 2 • 急性毒性 - 口服：类别 2 • 急性毒性 - 皮肤：类别 3 • 皮肤腐蚀 / 刺激：类别 1B • 严重眼损伤 / 眼刺激：类别 1 • 急性毒性 - 吸入：类别 1 • 危害水生环境 - 急性毒性：类别 1 • 危害水生环境 - 慢性毒性：类别 1
外观及性状：无色或淡黄色液体，有恶臭。溶于水，易溶于醇、丙酮等多数有机溶剂。	

二、现场快速检测方法

便携式气相色谱 - 质谱联用仪：0.02~0.15 mg/L（检测范围）；0.01 mg/L（检测限）。

三、危险性

- 危险性类别：3.1 类　低闪点易燃液体

- 燃烧及爆炸危险性
  1. 易燃，与空气混合能形成爆炸性混合物，遇强光、高温热源或明火有燃烧爆炸危险。
  2. 蒸气比空气重，能在较低处扩散到相当远的地方，遇火源会着火回燃。

- 健康危害
  1. 急性毒性：$LD_{50} = 26$ mg/kg（大鼠经口）；$LC_{50} = 18$ mg/m³（4 h，大鼠吸入）；$LD_{50} = 200$ mg/kg（兔经皮）。

2. 对呼吸系统和眼睛具有强烈刺激性。
3. 吸入蒸气可导致呼吸道损害，出现咽喉炎、胸部压迫感、支气管炎。
4. 液体或蒸气损害眼睛。皮肤接触可致灼伤。

四、个人防护建议（NIOSH）

1. 皮肤：穿戴合适的个人防护服，防止皮肤直接接触。
2. 眼睛：佩戴合适的眼部防护用品。
3. 呼吸：戴正压自给式空气呼吸器。
4. 设施配备：应配备快速冲淋洗浴设备或眼冲洗设备，以应急使用。

五、应急处置

- 急救措施
  1. 皮肤：如果该化学物质直接接触皮肤，立即用水冲洗污染的皮肤。
  2. 眼睛：提起眼睑，用流动水清洗。就医。
  3. 吸入：迅速脱离现场，至空气新鲜处，保持呼吸道流畅。如有呼吸困难，进行输氧；呼吸心跳停止，立即进行心肺复苏术。就医。
  4. 误服：立即就医。

- 灭火
  用砂土、抗溶性泡沫、二氧化碳或干粉灭火器。用水灭火无效（闪点低）。

- 疏散和隔离（ERG）
  1. 小量泄漏，初始隔离 100 m、下风向疏散白天 1100 m、夜晚 3300 m；大量泄漏，初始隔离 1000 m，下风向疏散白天 1000 m、夜晚 11000 m。
  2. 火场内如有原油储罐、槽车或罐车，四周隔离 800 m。考虑撤离隔离区的人员、物资；疏散无关人员并划定警戒区；在上风处停留，切勿进入低洼处；进入密闭空间之前必须先通风。

- 现场环境应急（泄漏处置）
  1. 消除所有点火源（禁止吸烟，消除所有明火、火花或火焰）。
  2. 使用防爆的通信工具。
  3. 禁止直接接触污染物。作业时所有设备应接地。
  4. 确保安全时，关阀、堵漏等以切断泄漏源。
  5. 小量泄漏：用活性面料或其他惰性材料吸收。也可以用大量水冲洗，洗水稀释后放入废水系统。
  6. 大量泄漏：构筑围堤或挖坑收容；用泡沫覆盖，降低蒸气灾害。用防爆泵转移至槽车或专用收集器内，回收或运至废物处理场所。

- 危险废物处置
  用焚烧法。

丙烯酸

B

一、基本信息

别名 / 商用名：败脂酸	
UN 号：2218	CAS 号：79-10-7
分子式：$C_3H_4O_2$	分子量：72.06
熔点 / 凝固点：14 ℃	沸点：141 ℃
闪点：50 ℃（闭杯）	
自燃温度：438 ℃	爆炸极限：2.4%~8.0%（体积比）

GHS 危害标签：

GHS 危害分类：
- 易燃液体：类别 3
- 急毒性 - 皮肤：类别 3
- 皮肤腐蚀 / 刺激：类别 1A
- 严重眼损伤 / 眼刺激：类别 1
- 急毒性 - 吸入：类别 3
- 特定目标器官毒性 - 单次接触 / 呼吸道刺激：类别 3
- 危害水生环境 - 急性毒性：类别 1

外观及性状：挥发的无色液体，有刺激性气味。与水混溶，可混溶于乙醇、乙醚。

二、现场快速检测方法

便携式丙烯酸检测仪（MS400）：0~1000 mg/L，0~2000 mg/L，0~5000 mg/L，0~10000 mg/L（检测范围）。

三、危险性

- 危险性类别：8 类　腐蚀性物质
- 燃烧及爆炸危险性
  1. 易燃。
  2. 其蒸气与空气可形成爆炸性混合物，遇明火、高热能引起燃烧爆炸，与氧化剂能发生强烈反应。
- 健康危害
  1. 急性毒性：LD_{50} = 252 mg/kg（大鼠经口）。
  2. 对皮肤、眼睛和呼吸道有强烈刺激作用。
  3. 误服会造成消化遭严重烧伤。

四、个人防护建议（NIOSH）

1. 皮肤：穿防静电、防腐、防毒服。
2. 眼睛：佩戴合适的眼部防护用品。
3. 呼吸：佩戴戴自给式呼吸器。
4. 衣物脱除：工作服被弄湿或受到了明显的污染，立即脱除并妥善处置。
5. 设施配备：应配备快速冲淋洗浴设备或眼冲洗设备，以应急使用。

五、应急处置

- 急救措施
  1. 皮肤：如果该化学物质直接接触皮肤，立即用水冲洗污染的皮肤。
  2. 眼睛：提起眼睑，用流动水清洗。就医。
  3. 吸入：迅速脱离现场，至空气新鲜处，保持呼吸道流畅。如有呼吸困难，进行输氧；呼吸心跳停止，立即进行心肺复苏术。就医。
  4. 误服：立即就医。

- 灭火
  用雾状水、抗溶性泡沫、干粉或二氧化碳灭火器。

- 疏散和隔离（ERG）
  1. 泄漏隔离距离至少为 50 m。如果为大量泄漏，在初始隔离距离的基础上加大下风向的疏散距离。
  2. 火场内如有储罐、槽车或罐车，四周隔离 800 m。考虑初始撤离 800 m。

- 现场环境应急（泄漏处置）
  1. 消除所有点火源（禁止吸烟，消除所有明火、火花或火焰）；作业时所有设备应接地；禁止接触或跨越泄漏物。
  2. 禁止直接接触污染物。作业时所有设备应接地。
  3. 确保安全时，关阀、堵漏等以切断泄漏源。
  4. 小量泄漏：用砂土或其他不燃材料吸收。使用洁净的无火花工具收集吸收材料。
  5. 大量泄漏：构筑围堤或挖坑收容。用抗溶性泡沫覆盖，减少蒸发。喷水雾能减少蒸发，但不能降低泄漏物在受限空间内的易燃性。用碎石灰石、苏打灰或石灰中和。用防爆、耐腐蚀泵转移至槽车或专用收集器内。

- 危险废物处置
  大量的废弃物采用焚烧法处理，先用有机溶剂溶解，然后通过喷头将其喷入装有排气后燃器的焚烧炉中焚烧。

重铬酸钾

一、基本信息

别名／商用名：红矾钾	
UN 号：3099	CAS 号：7778-50-9
分子式：$K_2Cr_2O_7$	分子量：294.21
熔点／凝固点：398 ℃	沸点：500 ℃（分解）
闪点：	
自燃温度：	爆炸极限：
GHS 危害标签：	GHS 危害分类： • 氧化性固体：类别 2 • 急毒性 - 口服：类别 3 • 急毒性 - 吸入：类别 2 • 皮肤腐蚀、刺激、敏化，呼吸敏化，眼损伤，刺激：类别 1 • 特定目标器官毒性 - 单次接触／呼吸道刺激：类别 3 • 特定目标器官毒性 - 重复接触：类别 1 • 生殖细胞致突变性：类别 1B • 致癌性：类别 1A • 危害水生环境 - 急（慢）性毒性：类别 1
外观及性状：橘红色结晶。溶于水，不溶于乙醇。	

二、现场快速检测方法

　　重铬酸钾快速检测试纸：0.005～0.25 mg/L（检测范围）；0.005 mg/L（检测限）。

三、危险性

• 危险性类别：5.1 类＋6.1 类　氧化剂及毒性物质

• 燃烧及爆炸危险性
　1. 助燃：遇酸或高温释放氧气，促使有机物燃烧。
　2. 氧化剂：与还原剂、有机物、易燃物混合可形成爆炸性混合物。
　3. 自燃：有水时与硫化钠混合引起自燃。
　4. 具强腐蚀性、刺激性，可致人体灼伤。

- 健康危害
  1. 急性毒性：$LD_{50} = 190$ mg/kg（小鼠经口）。
  2. 急性中毒：吸入可引起急性呼吸道刺激、鼻出血、声音嘶哑、鼻黏膜萎缩，有时出现哮喘和紫绀。重者可发生化学性肺炎。口服可刺激和腐蚀消化道，引起恶心、呕吐、腹痛和血便等。严重者出现呼吸困难、紫绀、休克、肝损害及急性肾功能衰竭等。
  3. 慢性中毒：有接触性皮炎、铬溃疡、鼻炎、鼻中隔穿孔及呼吸道炎症等。

四、个人防护建议（NIOSH）

1. 皮肤：穿聚乙烯防毒服，戴橡胶手套。
2. 呼吸：佩戴头罩型电动送风过滤式防尘呼吸器。必要时，佩戴自给式呼吸器。
3. 衣服：工作完毕，淋浴更衣。单独存放被毒物污染衣服，洗后保持卫生。
4. 其他：工作现场禁止吸烟、进食和饮水。

五、应急处置

- 急救措施（NIOSH）
  1. 皮肤：脱去污染衣着，用肥皂水和清水冲洗皮肤。
  2. 眼睛：提起眼睑，用流动清水或生理盐水冲洗，就医。
  3. 吸入：脱离现场至空气新鲜处，保持呼吸道通畅。如呼吸困难，给输氧。如呼吸停止，进行人工呼吸，就医。
  4. 误食：漱口，用清水或 1% 硫代硫酸钠溶液洗胃。给饮牛奶或蛋清，就医。

- 灭火
  用雾状水、砂土。

- 疏散和隔离（ERG）
  1. 立即隔离泄漏区至少 50 m。
  2. 如装运的桶罐、罐车发生火灾，四周隔离 800 m；同时考虑四周初始疏散距离 800 m。

- 现场环境应急（泄漏处置）
  1. 撤离泄漏污染区至安全区，进行隔离，限制出入。
  2. 应急处理人员戴全面罩防尘面具，穿防毒服。
  3. 勿使泄漏物与还原剂、有机物、易燃物或金属粉末接触。
  4. 小量泄漏：用洁净的铲子收集于干燥、洁净、有盖的容器中。也可以用大量水冲洗，洗水稀释后放入废水系统。
  5. 大量泄漏：收集回收或运至废物处理场所。

- 危险废物处置
  加入硫酸亚铁（铵），让其中高毒 6 价铬还原成低毒 3 价铬，再倒入工厂废水处理或稀释中和。

超氧化钾

一、基本信息

别名 / 商用名：过氧化钾	
UN 号：1491	CAS 号：12030-88-5
分子式：K_2O_4	分子量：142.20
熔点 / 凝固点：380 ℃	沸点：
闪点：	
自燃温度：	爆炸极限：
GHS 危害标签：	GHS 危害分类： • 氧化性固体：类别 1
外观及性状：金黄色晶体。约在 145 ℃分解，遇水反应迅速并放热。	

二、现场快速检测方法

• 超氧根
  1. 试剂盒法。
  2. 电化学生物传感器：0.12~250 mg/L（检测范围）；0.1 mg/L（检测限）。

三、危险性

• 危险性类别：4.3 类　遇湿易燃物

• 燃烧及爆炸危险性
  1. 强氧化剂：遇易燃物、有机物、还原剂等能引起燃烧爆炸。
  2. 遇水或水蒸气产生大量热量，可发生爆炸。

• 健康危害
  1. 吸入、摄入或接触（皮肤、眼）：导致严重损伤，烧伤或死亡。
  2. 本品或分解产物可引起严重损害或死亡。
  3. 燃烧可产生刺激性、腐蚀性或有毒气体。

四、个人防护建议（NIOSH）

1. 皮肤：穿特定厂商推荐的化学防护服，因为一般消防员防护服保护有限或者没有热保护。
2. 呼吸：佩戴正压自给式呼吸器（SCBA）。

五、应急处置

- 急救措施（NIOSH）
  1. 皮肤：皮肤接触本品，应立即用流动清水冲洗至少 20 min，脱去并隔离污染的衣服和鞋。
  2. 眼睛：眼睛接触本品，立即用流动清水冲洗，并就医。
  3. 吸入：迅速脱离现场，至空气新鲜处，若呼吸困难，给吸氧。吸入或接触可引起迟发反应。
  4. 误食：如果食入或吸入本品，禁止用口对口人工呼吸。如果需要人工呼吸，可用带单向阀的小型面罩或其他适当的医学设备。

- 灭火
  用干砂、干土或干粉灭火器。禁止用水或泡沫灭火器。

- 疏散和隔离（ERG）
  1. 立即在所有方向上隔离固体至少 25 m。
  2. 火场内如有储罐、槽车或罐车，四周隔离 800 m；此外，考虑四周初始疏散距离 800 m。

- 现场环境应急（泄漏处置）
  1. 隔离泄漏污染区，限制出入；消除所有点火源。
  2. 无防护措施，禁止接触或跨越泄漏物；尽可能切断泄漏源；使用水雾减少蒸气或转移蒸气云漂移；防止进入水道、下水道、地下室或封闭区域。
  3. 小量泄漏：用大量水冲洗。
  4. 大量泄漏：在相关领域专家指导下，再采取相应处理措施。

次氯酸钾

一、基本信息

别名 / 商用名:	
UN 号: 3264	CAS 号: 7778-66-7
分子式: KClO	分子量: 90.55
熔点 / 凝固点: 100 ℃	沸点:
闪点:	
自燃温度:	爆炸极限:
GHS 危害标签: 	GHS 危害分类: • 皮肤腐蚀 / 刺激: 类别 1B • 严重眼损伤 / 眼刺激: 类别 1 • 危害水生环境 - 急性毒性: 类别 1 • 危害水生环境 - 慢性毒性: 类别 1
外观及性状: 透明至淡黄色液体, 与水混溶。	

二、现场快速检测方法

• 次氯酸根
  1. 分光光度仪: 0.51 mg/L (检测限)。
  2. 便携式离子色谱仪: 0.1 mg/L (检测限)。

三、危险性

• 危险性类别: 8 类   腐蚀性物质

• 燃烧及爆炸危险性
  助燃、刺激性。

• 健康危害
  1. 皮肤和眼结膜: 造成严重灼伤、损伤。
  2. 呼吸道: 有刺激性, 可引起牙齿损害。
  3. 皮肤: 可引起中至重度皮肤损害。

C

四、个人防护建议（NIOSH）

1. 皮肤：穿胶布防毒衣，戴氯丁橡胶手套。
2. 呼吸：佩戴头罩型电动送风过滤式防尘呼吸器。
3. 其他：工作现场禁止吸烟、进食和饮水。工作完毕，淋浴更衣。

五、应急处置

- 急救措施（NIOSH）
  1. 皮肤：脱去污染的衣服，用肥皂水和清水彻底冲洗皮肤。就医。
  2. 眼睛：提起眼睑，用流动清水或生理盐水冲洗。就医。
  3. 吸入：脱离现场至空气新鲜处。保持呼吸道通畅。如呼吸困难，进行输氧。如呼吸停止，进行人工呼吸。就医。
  4. 误服：饮足量温水，催吐。就医。

- 灭火
  用直流水、雾状水或砂土。
  消防人员须佩戴防毒面具、穿全身消防服，在上风向灭火。

- 疏散和隔离（ERG）
  1. 如发生大量泄漏，考虑最初下风向撤离至少 100 m。
  2. 火场内如有储罐、槽车或罐车，四周隔离 800 m；此外，考虑四周初始疏散距离 800 m。

- 现场环境应急（泄漏处置）
  1. 隔离泄漏污染区，限制出入。勿使泄漏物与还原剂、有机物、易燃物或金属粉末接触。
  2. 应急处理人员戴全面罩防尘面具，穿防毒服。不要直接接触泄漏物。
  3. 小量泄漏：避免扬尘，用洁净的铲子收集于干燥、洁净、有盖的容器中，转移至安全场所。
  4. 大量泄漏：用塑料布、帆布覆盖。然后收集回收或运至废物处理场所。

1,3- 丁二烯

一、基本信息

别名 / 商用名：联乙烯；丁间二烯；二乙烯；丁二烯；乙烯基乙烯	
UN 号：1010	CAS 号：106-99-0
分子式：C_4H_6	分子量：54.09
熔点 / 凝固点：–108.9 ℃	沸点：–4.5 ℃
闪点：	
自燃温度：415 ℃	爆炸极限：1.4%~16.3%（体积比）
GHS 危害标签：	GHS 危害分类： • 易燃气体：分类 1 • 高压气体：压缩气体 • 生殖细胞致突变性：类别 1B • 致癌性：类别 1A
外观及性状：无色、无臭气体。溶于丙酮、苯、乙酸、酯等多数有机溶剂。	

二、现场快速检测方法

　　1,3- 丁二烯检测管（NO.174LL）：0.5~5 mg/L（检测范围）；0.1 mg/L（检测限）。

三、危险性

- 危险性类别：2.1 类　易燃气体

- 燃烧及爆炸危险性
  1. 极易燃，与空气混合能形成爆炸性混合物，遇高热、明火或氧化剂易发生燃烧爆炸。
  2. 比空气重，在较低处可扩散到很远的地方，遇火源会回燃。
  3. 接触空气易形成有机过氧化物，受热或撞击极易发生爆炸。
  4. 若遇高热，可发生聚合反应，放出大量热量而引起容器破裂和爆炸事故。

- 健康危害
  1. 急性毒性：LC_{50} = 285000 mg/m^3（4 h, 大鼠吸入）；LD_{50} = 5480 mg/kg（大鼠经口）。
  2. 具有麻醉和刺激作用, 重度中毒出现酒醉状态、呼吸困难、脉速等, 后转入意识丧失和抽搐。
  3. 皮肤直接接触可发生灼伤或冻伤。

D

四、个人防护建议（NIOSH）

  1. 皮肤：穿戴合适的个人防护服, 防止皮肤冻伤。
  2. 眼睛：佩戴合适的眼部防护用品, 防止眼睛直接接触液体后低温引起灼伤或组织损伤。
  3. 呼吸：戴正压自给式空气呼吸器。
  4. 设施配备：应配备快速冲淋洗浴设备或眼冲洗设备, 以应急使用。

五、应急处置

- 急救措施
  1. 皮肤：如发生冻伤, 要立即就医。如未发生冻伤, 用肥皂水清洗皮肤。
  2. 眼睛：如果眼组织冻伤, 要立即就医。如未发生冻伤, 提起眼睑, 用流动水清洗。就医。
  3. 吸入：迅速脱离现场, 至空气新鲜处, 保持呼吸道流畅。如有呼吸困难, 进行输氧；呼吸心跳停止, 立即进行心肺复苏术。就医。
  4. 误服：立即就医。

- 灭火
  用雾状水、泡沫、二氧化碳或干粉灭火器。若不能切断泄漏源, 则不能熄灭泄漏处的火焰。

- 疏散和隔离（ERG）
  1. 泄漏隔离距离至少为 100 m。如果为大量泄漏, 下风向的初始疏散距离应至少为 800 m。
  2. 火场内如有原油储罐、槽车或罐车, 四周隔离 1600 m。考虑撤离隔离区的人员、物资；疏散无关人员并划定警戒区；在上风处停留, 切勿进入低洼处；进入密闭空间之前必须先通风。

- 现场环境应急（泄漏处置）
  1. 消除所有点火源（禁止吸烟, 消除所有明火、火花或火焰）。禁止接触跨越泄漏物。
  2. 使用防爆的通信工具。
  3. 禁止直接接触污染物。作业时所有设备应接地。
  4. 确保安全时, 关阀、堵漏等以切断泄漏源。

丁酸乙酯

一、基本信息

别名 / 商用名：天然丁酸乙酯	
UN 号：1180	CAS 号：105-54-4
分子式：$C_6H_{12}O_2$	分子量：116.16
熔点 / 凝固点：-93.3 ℃	沸点：121.3 ℃
闪点：24 ℃	
自燃温度：463 ℃	爆炸极限：
GHS 危害标签：	GHS 危害分类： • 易燃液体：类别 3 • 皮肤腐蚀 / 刺激：类别 2 • 特定目标器官毒性 - 单次接触 / 呼吸道刺激：类别 3
外观及性状：无色液体，有菠萝香味。不溶于水、甘油，溶于乙醇、乙醚。	

二、现场快速检测方法

1. 便携式气相色谱 - 质谱联用仪：0.5~20 mg/L（检测范围）；0.1 mg/L（检测限）。
2. 便携式气相色谱仪

三、危险性

- 危险性类别：3.3 类　高闪点易燃液体

- 燃烧及爆炸危险性
  易燃，遇明火、高热或与氧化剂接触，有引起燃烧爆炸的危险。

- 健康危害
  1. 急性毒性：LD_{50} = 13000 mg/kg（大鼠经口）。
  2. 在工业生产中未发现对人的危害。给动物致死量时发生皮毛粗糙、共济失调、气急、呼吸困难、抽搐和体温降低。

四、个人防护建议（NIOSH）

1. 皮肤：穿防静电工作服，戴橡胶耐油手套。
2. 眼睛：戴化学安全防护眼镜。
3. 呼吸：佩戴自吸过滤式全面罩防毒面具。必要时，佩戴自给式呼吸器。
4. 其他：工作现场严禁吸烟。工作完毕，淋浴更衣。

五、应急处置

- 急救措施（NIOSH）
  1. 皮肤：脱去污染的衣着，用肥皂水和清水彻底冲洗皮肤。
  2. 眼睛：提起眼睑，用流动清水清洗或生理盐水冲洗。就医。
  3. 吸入：脱离现场至空气新鲜处。保持呼吸道通畅。如呼吸困难，需要进行输氧。如呼吸停止，进行人工呼吸。就医。
  4. 误服：饮足量温水，催吐。就医。

- 灭火
  用砂土，泡沫、干粉或二氧化碳灭火器。

- 疏散和隔离（ERG）
  1. 采取预防措施，大量泄漏时，考虑最初环境条件，下风向至少撤离 300 m。未经授权的人员禁止进入隔离区。
  2. 火场内如有储罐、槽车或罐车，四周隔离 800 m；此外，考虑四周初始疏散距离 800 m。

- 现场环境应急（泄漏处置）
  1. 消除所有点火源（吸烟、明火、火花或火焰）；使用防爆的通信工具；作业时所有设备应接地；确保安全时，关阀、堵漏等以切断泄漏源；用抗溶性泡沫覆盖泄漏物，减少挥发；用砂土或其他不燃材料吸收泄漏物；用干净、无火花的工具收集吸收材料。
  2. 小量泄漏：用活性炭或其他惰性材料吸收。也可以用不燃性分散剂制成的乳液刷洗，洗液稀释后放入废水系统。
  3. 大量泄漏：构筑围堤或挖坑收容。用泡沫覆盖，降低蒸气灾害。用防爆泵转移至槽车或专用收集器内，回收或运至废物处理场所。

- 危险废物处置
  用焚烧法。

丁酮

一、基本信息

别名 / 商用名：甲乙酮；甲基丙酮；甲基乙基酮；乙基甲基甲酮；乙基甲基酮	
UN 号：1193	CAS 号：78-93-3
分子式：C_4H_8O	分子量：72.11
熔点 / 凝固点：−85.9 ℃	沸点：79.6 ℃
闪点：−9 ℃	
自燃温度：404 ℃	爆炸极限：1.7%~11.4%（体积比）
GHS 危害标签： 	GHS 危害分类： • 易燃液体：类别 2 • 严重眼损伤 / 眼刺激：类别 2A • 特定目标器官毒性 - 单次接触（麻醉效应）：类别 3
外观及性状：无色液体，有似丙酮气味。溶于水、乙醇、乙醚，可混溶于油类。	

二、现场快速检测方法

1. 便携式气相色谱 - 质谱联用仪。
2. 便携式气相色谱仪：5~30 mg/L（检测范围）。

三、危险性

- 危险性类别：3.1 类　低闪点液体

- 燃烧及爆炸危险性
  其蒸气与空气形成爆炸性混合气体，遇明火高热能引起燃烧爆炸。

- 健康危害
  1. 急性毒性：LD_{50} = 3400 mg/kg（大鼠经口），6480 mg/kg（兔经皮）；LC_{50} = 23520 mg/m^3（8 h，大鼠吸入）。
  2. 对眼、鼻、喉、黏膜有刺激性。长期接触可致皮炎。
  3. 常与 2- 己酮混合应用，能加强 2- 己酮引起的周围神经病现象，但单独接触丁酮未发现有周围神经病现象。

四、个人防护建议（NIOSH）

1. 皮肤：穿防静电工作服，戴乳胶手套，防止皮肤直接接触。
2. 眼睛：必要时，戴化学安全防护眼镜。
3. 呼吸：佩戴自吸过滤式半面罩防毒面罩。
4. 其他：工作现场严禁吸烟。注意个人清洁卫生。避免长期反复接触。

五、应急处置

- 急救措施（NIOSH）
  1. 皮肤：脱去被污染衣着，用肥皂水和清水彻底冲洗皮肤。
  2. 眼睛：提起眼睑，清水或生理盐水冲洗。就医。
  3. 吸入：脱离现场至空气新鲜处。保持呼吸道通畅。如呼吸困难，进行输氧。如呼吸停止，进行人工呼吸。就医。
  4. 误服：饮足量温水，催吐，用清水或 1% 硫代硫酸钠溶液洗胃。就医。

- 灭火
  用砂土，抗溶性泡沫、干粉或二氧化碳灭火器。

- 疏散和隔离（ERG）
  1. 采取预防措施，大量泄漏时，考虑最初环境条件，下风向至少撤离 300 m。未经授权的人员禁止进入隔离区。
  2. 火场内如有储罐、槽车或罐车，四周隔离 800 m；此外，考虑四周初始疏散距离 800 m。

- 现场环境应急（泄漏处置）
  1. 撤离泄漏污染区人员至安全区；隔离污染区，严格限制出入。切断火源。
  2. 应急处理人员戴自给正压式呼吸器，穿消防防护服。不要直接接触泄漏物。
  3. 尽可能切断泄漏源，防止进入下水道、排洪沟等限制性空间。用沙子或惰性吸收剂吸收剩余的液体并转移到安全的地方。
  4. 小量泄漏：用砂土或其他不燃材料吸附或吸收。也可以用大量水冲洗，洗液稀释后放入废水系统。
  5. 大量泄漏：构筑围堤或挖坑收容；用泡沫覆盖，降低蒸气灾害。用防爆泵转移至槽车或专用收集器内。回收或运至废物处理场所。

- 危险废物处置
  用焚烧法。

对苯二胺

D

一、基本信息

别名 / 商用名: 1,4- 二氨基苯; 对二氨基苯; 乌尔斯 D; PDA	
UN 号: 1673	CAS 号: 106-50-3
分子式: $C_6H_8N_2$	分子量: 108.14
熔点 / 凝固点: 147 ℃	沸点: 267 ℃
闪点: 68 ℃	
自燃温度:	爆炸极限:
GHS 危害标签:	GHS 危害分类: • 急毒性 - 口服: 类别 3 • 急毒性 - 皮肤: 类别 3 • 急毒性 - 吸入: 类别 3 • 严重眼损伤 / 眼刺激: 类别 2A • 皮肤敏化作用: 类别 1 • 危害水生环境 - 急性毒性: 类别 1 • 危害水生环境 - 慢性毒性: 类别 1
外观及性状: 白色至淡紫红色晶体。溶于水、乙醇、乙醚、苯、氯仿。	

二、现场快速检测方法

1. 高效液相色谱仪: 25~400 mg/L（检测范围）。
2. 便携式气相色谱 - 质谱联用仪: 0.2~10 mg/L（检测范围）; 0.2 mg/L（检测限）。

三、危险性

• 危险性类别: 6.1 类　毒性物质

• 燃烧及爆炸危险性
可燃、有毒、强致敏性。遇明火、高热可燃。受热分解放出有毒的氧化氮烟气。

• 健康危害
1. 急性毒性: LD_{50} = 80 mg/kg（大鼠经口）。

2. 不易因吸入而中毒，口服毒性剧烈，与苯胺同。有很强的致敏作用，可引起接触性皮炎、湿疹、支气管哮喘。

三、个人防护建议（NIOSH）

1. 皮肤：穿戴合适的个人防护服，防止皮肤直接接触。
2. 眼睛：佩戴合适的眼部防护用品，防止眼睛直接接触。
3. 呼吸：佩戴自吸过滤式防毒口罩。紧急事态抢救或撤离时，应该佩戴自给式呼吸器。
4. 其他：工作现场禁止吸烟、进食和饮水。及时换洗工作服。工作前后不饮酒，用温水洗澡。实行就业前和定期的体检。

四、应急处置

• 急救措施（NIOSH）
1. 皮肤：脱去污染衣着，用肥皂水和清水彻底冲洗皮肤。就医。
2. 眼睛：提起眼睑，用流动清水或生理盐水冲洗。就医。
3. 吸入：脱离现场至空气新鲜处。保持呼吸道畅通。如呼吸困难，进行输氧。如呼吸停止，进行人工呼吸。就医。
4. 误服：饮足量温水，催吐。就医。

• 灭火
用砂土，雾状水或二氧化碳灭火器。
注意：遇明火、高热可燃。受热分解放出有毒的氧化氮烟气。

• 疏散和隔离（ERG）
1. 采取预防措施，大量泄漏时，考虑最初环境条件，下风向至少撤离 300 m。未经授权的人员禁止进入隔离区。
2. 火场内如有储罐、槽车或罐车，四周隔离 800 m；此外，考虑四周初始疏散距离 800 m。

• 现场环境应急（泄漏处置）
1. 隔离泄漏污染区，限制出入。切断火源。
2. 应急处理人员戴全面罩防尘面具，穿防毒服。
3. 小量泄漏：用洁净的铲子收集于干燥、洁净、有盖的容器中。
4. 大量泄漏：收集回收或运至废物处理场所。

• 危险废物处置
用控制焚烧法。焚烧炉排出的氮氧化物通过洗涤器除去。

N,N′- 二亚硝基五亚甲基四胺

一、基本信息

别名 / 商用名：发泡剂 H	
UN 号：3224	CAS 号：101-25-7
分子式：$C_5H_{10}N_6O_2$	分子量：186.2
熔点 / 凝固点：200 ℃（分解）	沸点：
闪点：	
自燃温度：	爆炸极限：
GHS 危害标签： 	GHS 危害分类： • 自反应物质和混合物：C 型
外观及性状：浅黄色粉末，无臭味。微溶于水、乙醇、氯仿，不溶于乙醚，溶于丙酮。	

二、现场快速检测方法

便携式红外光谱仪：5 mg/L（检测限）。

三、危险性

• 危险性类别：4.1 类　易燃固体

• 燃烧及爆炸危险性
高度易燃，遇明火、高温能引起分解爆炸和燃烧。

• 健康危害
1. 急性毒性：$LD_{50} = 940$ mg/kg（大鼠经口）。
2. 吞咽有害。
3. 受热分解，释放出有毒的氢氧化物烟雾。

四、个人防护建议（NIOSH）

1. 皮肤：穿全身防火防毒服。
2. 眼睛：佩戴合适的眼部防护用品。
3. 呼吸：佩戴空气呼吸器。
4. 衣物脱除：如果工作服被可燃性物质浸湿，应当立即脱除并妥善处置。
5. 设施配备：应配备快速冲淋洗浴设备或眼冲洗设备，以应急使用。

五、应急处置

- 急救措施
  1. 皮肤：如果该化学物质直接接触皮肤，立即用水冲洗污染的皮肤。
  2. 眼睛：提起眼睑，用流动水清洗。就医。
  3. 吸入：迅速脱离现场，至空气新鲜处，保持呼吸道流畅。如有呼吸困难，进行输氧；呼吸心跳停止，立即进行心肺复苏术。就医。
  4. 误服：立即就医。

- 灭火
  小火：用水、泡沫、二氧化碳或干粉灭火器。

- 疏散和隔离（ERG）
  1. 泄漏隔离距离至少为 25 m。如果为大量泄漏，下风向的初始疏散距离应至少为 250 m。
  2. 如果在火场中有储罐、槽车或罐车，周围至少隔离 800 m；同时考虑四周初始疏散距离 800 m。

- 现场环境应急（泄漏处置）
  1. 消除所有点火源（禁止吸烟，消除所有明火、火花或火焰）；作业时所有设备应接地；禁止接触或跨越泄漏物。
  2. 禁止直接接触污染物。作业时所有设备应接地。
  3. 确保安全时，关阀、堵漏等以切断泄漏源。
  4. 小量泄漏：用惰性、湿润的不燃材料吸收，使用无火花工具收集于干燥、洁净、有盖的容器中。防止泄漏物进入水体、下水道、地下室或密闭空间。

E

二甲胺

一、基本信息

别名 / 商用名：氨基二甲烷；N- 甲基甲胺	
UN 号：1032	CAS 号：124-40-3
分子式：C_2H_7N	分子量：45.08
熔点 / 凝固点：–92.2 ℃	沸点：6.9 ℃
闪点：–17.8 ℃	
自燃温度：	爆炸极限：2.8%~14.4%（体积比）
GHS 危害标签：	GHS 危害分类： • 易燃液体：类别 1A • 皮肤腐蚀 / 刺激：类别 2 • 严重眼损伤 / 眼刺激：类别 1 • 特定目标器官毒性 - 单次接触 / 呼吸道刺激：类别 3
外观及性状：无色气体，一般以 25%~40% 的水溶液储运、出售。高浓度的带有氨味，低浓度的有烂鱼味。易溶于水，溶于乙醇、乙醚。	

二、现场快速检测方法

1. 二甲胺报警仪：0~20 mg/L，0~50 mg/L，0~100 mg/L（检测范围）；1 mg/L（检测限）。
2. 二甲胺浓度检测传感器：0~100 mg/L，0~500 mg/L，0~1000 mg/L，0~ 5000 mg/L（检测范围）。

三、危险性

• 危险性类别：2.1 类　易燃气体

• 燃烧及爆炸危险性
　1. 极易燃，与空气混合形成爆炸性混合物，遇热源和明火有燃烧爆炸的危险。与氧化剂接触猛烈反应。

2. 气体比空气重，沿地面扩散并易积存于低洼处，遇火源会着火回燃。

- 健康危害
  1. 急性毒性：$LC_{50} = 4725$ mg/L（2 h，小鼠吸入）；$LD_{50} = 316$ mg/kg（小鼠经口），698 mg/kg（大鼠经口）。
  2. 本品对人体的主要危害是对眼和上呼吸道的刺激。
  3. 期接触者感到眼、鼻、咽喉干燥不适。

四、个人防护建议（NIOSH）

1. 皮肤：穿防静电、防腐、防毒服。
2. 眼睛：佩戴合适的眼部防护用品。
3. 呼吸：戴正压自给式空气呼吸器。
4. 设施配备：应配备快速冲淋洗浴设备或眼冲洗设备，以应急使用。

五、应急处置

- 急救措施
  1. 皮肤：如果该化学物质直接接触皮肤，立即用水冲洗污染的皮肤。
  2. 眼睛：提起眼睑，用流动水清洗。就医。
  3. 吸入：迅速脱离现场，至空气新鲜处，保持呼吸道流畅。如有呼吸困难，进行输氧；呼吸心跳停止，立即进行心肺复苏术。就医。
  4. 误服：立即就医。

- 灭火
  用雾状水、抗溶性泡沫、干粉或二氧化碳灭火器。

- 疏散和隔离（ERG）
  作为气体时，泄漏隔离距离至少为 100 m；如果为大量泄漏，下风向的初始疏散距离应至少为 800 m。作为液体时，泄漏隔离距离少于 50 m；如果为大量泄漏，在初始隔离距离的基础上加大下风向疏散距离。

- 现场环境应急（泄漏处置）
  1. 消除所有点火源（禁止吸烟，消除所有明火、火花或火焰）。禁止接触或跨越泄漏物。
  2. 使用防爆的通信工具。
  3. 禁止直接接触污染物。作业时所有设备应接地。
  4. 确保安全时，关阀、堵漏等以切断泄漏源。

二甲苯麝香

一、基本信息

别名 / 商用名：2,4,6- 三硝基 -5- 叔丁基间二甲苯；2,4,6- 三硝基 -1,3- 二甲基 -5- 叔丁基苯	
UN 号：2956	CAS 号：81-15-2
分子式：$C_{12}H_{15}N_3O_6$	分子量：297.27
熔点 / 凝固点：112.5~114.5 ℃	沸点：200~202 ℃
闪点：9 ℃	
自燃温度：	爆炸极限：
GHS 危害标签：	GHS 危害分类： • 易燃固体：类别 2 • 危害水生环境 - 急性毒性：类别 1 • 危害水生环境 - 慢性毒性：类别 1
外观及性状：淡黄色针状晶体，具有强烈的麝香气味。	

二、现场快速检测方法

1. 便携式气相色谱 - 质谱联用仪：0.05~1 mg/L（线性范围）；0.6 μg/L（检测限）。
2. 便携式液相色谱仪：5 mg/L（检测限）。

三、危险性

• 危险性类别：4.1 类　易燃固体

• 燃烧及爆炸危险性
　易燃固体。

• 健康危害
　1. 对皮肤有刺激性。
　2. 蒸气或雾对眼睛、黏膜和上呼吸道有刺激性。

3. 大鼠在 29.7 g/m³ 浓度下很快发生喘息，共济失调，口、鼻出现泡沫，肺水肿，在 2 h 内死亡。

四、个人防护建议（NIOSH）

1. 远离热源、火花、明火、热表面。禁止吸烟。
2. 容器和接收设备接地等势联接。使用防爆的电气、通风、照明等设备。避免释放到环境中。
3. 戴防护手套、穿防护服、戴防护眼罩、戴防护面具。

五、应急处置

- 急救措施（NIOSH）
  1. 皮肤：脱去污染衣着，用肥皂水和清水彻底冲洗皮肤。
  2. 眼睛：提起眼睑，清水或生理盐水冲洗。就医。
  3. 吸入：移动到有新鲜空气的地方。如呼吸停止，进行人工呼吸。
  4. 误服：就医。

- 灭火
  用砂土，泡沫、干粉或二氧化碳灭火器。

- 疏散和隔离（ERG）
  1. 采取预防措施，大量泄漏时，考虑最初环境条件，下风向至少撤离 250 m。未经授权的人员禁止进入隔离区。
  2. 火场内如有储罐、槽车或罐车，四周隔离 800 m；此外，考虑四周初始疏散距离 800 m。

- 现场环境应急（泄漏处置）
  1. 收集溢出物。不要直接接触泄漏物。尽可能切断泄漏源。防止流入下水道、排洪沟等限制性空间。
  2. 小量泄漏：用砂土、蛭石或其他惰性材料吸收。收集运至空旷的地方掩埋、蒸发或焚烧。
  3. 大量泄漏：构筑围堤或挖坑收容。用泡沫覆盖，降低蒸气灾害。用防爆泵转移至槽车或专用收集器内，回收或运至废物处理场所。

二甲二硫

一、基本信息

别名 / 商用名：甲基化二硫；二甲二硫；二甲基二硫醚；二甲基二硫；DMDS	
UN 号：2381	CAS 号：624-92-0
分子式：$C_2H_6S_2$	分子量：94.20
熔点 / 凝固点：–84.7 ℃	沸点：116~118 ℃
闪点：24 ℃	
自燃温度：300 ℃	爆炸极限：1.1%~16.0%（体积比）

GHS 危害标签：

GHS 危害分类：
- 易燃液体：类别 2
- 急毒性 - 口服：类别 3
- 急毒性 - 吸入：类别 3
- 皮肤腐蚀 / 刺激：类别 2
- 严重眼损伤 / 眼刺激：类别 2B
- 生殖毒性：类别 2
- 特定目标器官毒性 - 重复接触：类别 1
- 危害水生环境 - 急性毒性：类别 2
- 危害水生环境 - 慢性毒性：类别 2

外观及性状：无色或微黄色液体，不溶于水，可混溶于醇、醚等。

二、现场快速检测方法

1. 气体检测管法（53Gastec）：0.25~10 mg/L（检测范围）。
2. 便携式二甲二硫醚气体检测仪（XLA-BX）：0~10 mg/m³，0~50 mg/m³（检测范围）。
3. 便携式气相色谱仪。

三、危险性

- 危险性类别：3 类　易燃液体

- 燃烧及爆炸危险性
  易燃。散发出刺激性或有毒气体（或气体），24 ℃以上蒸气／空气混合物可能爆炸。

- 健康危害
  1. 急性毒性：$LC_{50} = 15.85$ mg/m^3，（2 h，大鼠吸入）。
  2. 遇高热或接触酸或酸雾能分解产生有毒的气体。
  3. 误服或吸入：可导致中毒。
  4. 接触：可引起头痛、恶心和呕吐。

E

四、个人防护建议（NIOSH）

1. 皮肤：穿胶布防毒衣，戴橡胶耐油手套。
2. 呼吸：浓度超标，须佩戴自吸过滤式全面罩防毒面具。紧急事态抢救或撤离时，应佩戴空气呼吸器。
3. 其他：工作现场禁止吸烟、进食和饮水。工作完毕，淋浴更衣。实行就业前和定期的体检。

五、应急处置

- 急救措施（NIOSH）
  1. 皮肤：去除被污染衣服，清洗，然后用清水及肥皂清洗皮肤。
  2. 眼睛：提起眼睑，水冲洗，去除隐形眼镜，就医。
  3. 吸入：休息并呼吸新鲜空气，就医。浓度超标，须佩戴自吸过滤式全面罩防毒面具。当紧急事态抢救或撤离时，应佩戴空气呼吸器。

- 灭火
  用砂土，雾状水、泡沫、二氧化碳或干粉灭火器。

- 疏散和隔离（ERG）
  1. 顺风疏散至少 300 m。
  2. 储罐、槽车或罐车被卷入火中，四周隔离 800 m；同样，考虑四周初始疏散距离 800 m。

- 现场环境应急（泄漏处置）
  1. 隔离泄漏区域至少 50 m。
  2. 收集泄漏液体放置于密封的容器。

- 危险废物处置
  用焚烧法。焚烧炉排出的硫氧化物通过洗涤器除去。

二甲基苯胺

一、基本信息

别名 / 商用名：二甲代苯胺（异构体混合物）；二甲苯胺（混合物）

UN 号：1711	CAS 号：1300-73-8
分子式：$C_8H_{11}N$	分子量：182.43
熔点 / 凝固点：2.5 ℃	沸点：213~226 ℃
闪点：97 ℃	
自燃温度：	爆炸极限：1.0%（下限）

GHS 危害标签：	GHS 危害分类：
	• 急毒性 - 吸入：类别 2 • 严重眼损伤 / 眼刺激：类别 2A • 特定目标器官毒性 - 单次接触：类别 2 • 特定目标器官毒性 - 重复接触：类别 2 • 危害水生环境 - 急性毒性：类别 2 • 危害水生环境 - 慢性毒性：类别 2

外观及性状：浅黄到棕色液体，有淡淡的芳香胺味；有六个异构体。几乎不溶于水。

二、现场快速检测方法

1. 便携式气相色谱 - 质谱联用仪。
2. 便携式气相色谱仪：5~30 mg/L（检测范围）。

三、危险性

• 危险性类别：6.1 类　毒性物质

• 燃烧及爆炸危险性
  1. 与空气接触能形成爆炸性混合物。
  2. 与氧化剂、强酸接触发生剧烈反应。
  3. 与次氯酸盐接触能形成爆炸性的氯胺。能腐蚀某些塑料、橡胶和涂料。

• 健康危害
  1. 急性毒性：LD_{50} = 1410 mg/kg（大鼠经口），1770 mg/kg（兔经皮）。

2. 破坏血液携氧能力，引起头痛、头昏、恶心，导致皮肤、嘴唇发紫；高浓度暴露导致呼吸困难、虚脱，甚至死亡；高浓度重复暴露，损伤肝功能。

四、个人防护建议（NIOSH）

1. 皮肤：穿戴防护服。
2. 眼睛：戴防化镜。
3. 呼吸：选用适当的呼吸器。
   NIOSH 20mg/L：装药剂盒防有机蒸气的呼吸器、供气式呼吸器。
   NIOSH 50mg/L：进入浓度未知区域，或处于立即危及生命或健康时，用自携式正压全面罩呼吸器、供气式正压全面罩呼吸器辅之以辅助自携式正压呼吸器。
   逃生：装有机蒸气滤毒盒的空气净化式全面罩呼吸器（防毒面具）、自携式逃生呼吸器。

五、应急处置

- 急救措施（NIOSH）
  1. 皮肤：脱下被污染衣服；肥皂水冲洗，就医。
  2. 眼睛：提起眼睑，冲洗。
  3. 吸入：将患者移出现场，就医。如果呼吸停止，给予人工呼吸。如呼吸困难，给予输氧。如吸入该物质不要用口对口进行人工呼吸，可用单向阀小型呼吸器或其他适当的医疗呼吸器。
  4. 误服：患者昏迷时，勿使呕吐或吃东西；患者清醒时，给饮一杯水，用浓茶或黑咖啡提神；勿使呕吐。就医。

- 灭火
  用干粉、二氧化碳、泡沫灭火器。

- 疏散和隔离（ERG）
  1. 立即在所有方向上撤离泄漏区，液体至少50 m，固体至少25 m。
  2. 如火场中有装运的桶罐、罐车发生火灾，在四周隔离800 m；同时考虑四周初始疏散距离800 m。

- 现场环境应急（泄漏处置）
  1. 须穿戴防护用具进入现场；排除一切火情隐患；保持现场通风。
  2. 用蛭石、干砂、土或类似物质吸附泄漏物，置于密闭容器内。

二硫化碳

一、基本信息

UN 号: 1131	CAS 号: 75-15-0
分子式: CS_2	分子量: 76.14
熔点/凝固点: –110.8 ℃	沸点: 46.5 ℃
闪点: –30 ℃	
自燃温度:	爆炸极限: 1.0%~60%（体积比）
GHS 危害标签: 	GHS 危害分类: • 易燃液体: 类别 2 • 急毒性 - 口服: 类别 3 • 皮肤腐蚀/刺激: 类别 2 • 严重眼损伤/眼刺激: 类别 2A • 生殖毒性: 类别 2 • 特定目标器官毒性 - 重复接触: 类别 1 • 危害水生环境 - 急性毒性: 类别 2

外观及性状: 无色或淡黄色透明液体，有刺激性气味，易挥发。不溶于水，溶于乙醇、乙醚等多数有机溶剂。

二、现场快速检测方法

1. 二硫化碳检测管（141SA）: 30~500 mg/L（检测范围）。
2. 二硫化碳检测管（141SB）: 2~50 mg/L（检测范围）。
3. 二硫化碳检测管（141SC）: 0.1~3.0 mg/L（检测范围）。
4. 二硫化碳检测仪（CS_2/NE-502）: 0~50 mg/L，0~100 mg/L，0~200 mg/L（检测范围）。

三、危险性

• 危险性类别: 3.1 类 低闪点易燃液体

• 燃烧及爆炸危险性

1. 极易燃，蒸气能与空气形成范围广阔的爆炸性混合物，遇热、明火或氧化剂易引起燃烧、爆炸，产生有毒烟气。
2. 蒸气比空气重，能在较低处扩散到相当远的地方，遇火源会着火回燃。
3. 高速冲击、流动、激荡后可因产生静电引燃烧爆炸。

- 健康危害
  1. 急性毒性：LD_{50} = 3188 mg/kg（大鼠经口）。
  2. 经吸入、食入、经皮吸收。
  3. 对眼有强烈刺激作用。
  4. 二硫化碳是损害神经和血管的毒物，是一种气体麻醉剂，生产中以呼吸道吸入为主，经皮肤也能吸收。

四、个人防护建议（NIOSH）

1. 皮肤：穿防毒、防静服。
2. 眼睛：佩戴合适的眼部防护用品。
3. 呼吸：戴正压自给式空气呼吸器。
4. 设施配备：应配备快速冲淋洗浴设备或眼冲洗设备，以应急使用。

五、应急处置

- 急救措施
  1. 皮肤：如果该化学物质直接接触皮肤，立即用水冲洗污染的皮肤。
  2. 眼睛：提起眼睑，用流动水清洗。就医。
  3. 吸入：迅速脱离现场，至空气新鲜处，保持呼吸道流畅。如有呼吸困难，进行输氧；呼吸心跳停止，立即进行心肺复苏术。就医。
  4. 误服：立即就医。

- 灭火
  用砂土，雾状水、泡沫、干粉或二氧化碳灭火器。用水灭火无效（闪点低）。

- 疏散和隔离（ERG）
  1. 泄漏隔离距离至少为 50 m。如果为大量泄漏，在初始隔离距离的基础上加大下风向的疏散距离。
  2. 火场内如有原油储罐、槽车或罐车，四周隔离 800 m。考虑撤离隔离区的人员、物资；疏散无关人员并划定警戒区；在上风处停留，切勿进入低洼处；进入密闭空间之前必须先通风。

- 现场环境应急（泄漏处置）
  1. 消除所有点火源（禁止吸烟，消除所有明火、火花或火焰）。禁止接触或跨越泄漏物。
  2. 使用防爆的通信工具。
  3. 禁止直接接触污染物。作业时所有设备应接地。
  4. 确保安全时，关阀、堵漏等以切断泄漏源。
  5. 泄漏隔离距离至少为 50 m。如果为大量泄漏，在初始隔离距离的基础上加大下风向的疏散距离。
  6. 大量泄漏时构筑围堤或挖坑收容。喷雾状水冷却和稀释蒸气，保护现场人员，将泄漏物稀释成不燃物，用防爆泵转移至槽车或专用收集器内，回收或运至废物处理场所。

二氯甲烷

一、基本信息

别名 / 商用名：甲叉二氯（旧称）；甲撑氯（旧称）；二甲基氯；二氯二甲基；氯化亚甲基	
UN 号：1593	CAS 号：75-09-2
分子式：CH_2Cl_2	分子量：84.94
熔点 / 凝固点：–96.7 ℃	沸点：39.8 ℃
闪点：无	
自燃温度：615 ℃	爆炸极限：12%~19%
GHS 危害标签：	GHS 危害分类： • 皮肤腐蚀 / 刺激：类别 2 • 严重眼损伤 / 眼刺激：类别 2A • 致癌性：类别 2 • 特定目标器官毒性 - 单次接触：类别 1 • 特定目标器官毒性 - 单次接触麻醉效应：类别 3 • 特定目标器官毒性 - 重复接触：类别 1
外观及性状：无色透明液体，有芳香气味。微溶于水，溶于乙醇、乙醚。	

二、现场快速检测方法

1. 气体检测管法（180S）：30~1000 μL/L，10~200 μL/L（检测范围）。
2. 便携式红外光谱分析仪（SeriesSapphIRe-MIRAN 205B）：4 μL/L（检测限）。
3. 便携式气相色谱仪：0.5~600 nL/L（检测范围）；0.5 nL/L（检测限）。

三、危险性

• 危险性类别：6.1 类　毒性物质

• 燃烧及爆炸危险性
可燃、有毒、有刺激性。

• 健康危害
1. 急性毒性：LD_{50} = 1600~2000 mg/kg（大鼠经口）；LC_{50} = 88000 mg/m³（0.5 h，大鼠吸入）。

2. 有麻醉作用，损害中枢神经和呼吸系统。
3. 急性中毒：轻者可有眩晕、头痛、呕吐以及眼和上呼吸道黏膜刺激症状；较重者易激动、步态不稳、共济失调、嗜睡，可引起化学性支气管炎。重者昏迷，可有肺水肿。血中碳氧血红蛋白含量增高。
4. 慢性影响：长期接触有头痛、乏力、眩晕、食欲减退、动作迟钝、嗜睡等。对皮肤有脱脂作用，引起干燥、脱屑和皲裂等。

E

四、个人防护建议（NIOSH）

1. 皮肤：穿防毒物渗透工作服，戴防化学品手套。
2. 眼睛：必要时，戴化学安全防护眼镜。
3. 呼吸：佩戴直接式半面罩防毒面具。紧急事态抢救或撤离时，佩戴空气呼吸器。
4. 其他：工作现场禁止吸烟、进食和饮水。工作完毕，淋浴更衣。被毒物污染的衣服单独存放和清洗。

五、应急处置

- 急救措施（NIOSH）
  1. 皮肤：脱去污染衣着，用肥皂水和清水彻底冲洗皮肤。
  2. 眼睛：提起眼睑，清水或生理盐水冲洗。
  3. 吸入：脱离现场至空气新鲜处，保持呼吸道通畅。如呼吸困难，给输氧。呼吸停止时，进行人工呼吸。就医。
  4. 误服：饮足量温水，催吐。就医。

- 灭火
  用雾状水、泡沫灭火器、二氧化碳灭火器或砂土。
  消防人员须佩戴防毒面具、穿全身消防服，在上风向灭火。喷水冷却容器，尽量将容器从火场移至空旷处。

- 疏散和隔离（ERG）
  1. 立即隔离泄漏区至少 50 m，如发生大量泄漏，考虑最初下风向撤离至少 100 m。
  2. 如火场有装运的桶槽、罐车发生火灾，在四周隔离 800 m；同时考虑四周初始疏散距离 800 m。

- 现场环境应急（泄漏处置）
  1. 撤离泄漏污染区人员至安全区；隔离污染区，严格限制出入。切断火源。
  2. 应急处理人员戴自给正压式呼吸器，穿防毒工作服。
  3. 尽可能切断泄漏源。防止流入下水道、排洪沟等限制性空间。
  4. 小量泄漏：用砂土或其他不燃材料吸附或吸收。
  5. 大量泄漏：构筑围堤或挖坑收容。用泡沫覆盖，降低蒸气灾害。用泵转移至槽车或专用收集器内，回收或运至废物处理场所。

- 危险废物处置
  用焚烧法。与燃料混合后，再焚烧。焚烧炉排出的卤化氢通过酸洗涤器除去。

二氧化硫

一、基本信息

别名 / 商用名：亚硫酸酐	
UN 号：1079	CAS 号：7446-09-5
分子式：SO_2	分子量：64.06
熔点 / 凝固点：−75.5 ℃	沸点：−10 ℃
闪点：	
自燃温度：	爆炸极限：
GHS 危害标签： 	GHS 危害分类： • 高压气体：压缩气体 • 急性毒性 - 吸入：分类 3 • 皮肤腐蚀 / 刺激：分类 1B • 严重眼损伤 / 眼刺激：分类 1
外观及性状：无色气体，特臭。溶于水、乙醇	

二、现场快速检测方法

便携式二氧化硫检测仪：0~100 μL/L，0~200 μL/L，0~500 μL/L（检测范围）。

三、危险性

• 危险性类别：2.3 类 有毒气体

• 燃烧及爆炸危险性
本品不燃。

• 健康危害
1. 急性毒性：LC_{50} = 6600 mg/m^3（小鼠吸入）。
2. 吸入可引起肺水肿、喉水肿、声带痉挛而致窒息。
3. 溅入眼内可立即引起角膜浑浊，浅层细胞坏死。严重者角膜形成瘢痕。

> 4. 液体二氧化硫可引起皮肤灼伤。

四、个人防护建议（NIOSH）

1. 皮肤：穿内置正压自给式空气呼吸器的全封闭防化服。
2. 眼睛：佩戴合适的眼部防护用品。
3. 衣物脱除：工作服被弄湿或受到了明显的污染，立即脱除并妥善处置。
4. 设施配备：应配备快速冲淋洗浴设备或眼冲洗设备，以应急使用。

五、应急处置

• 急救措施
1. 皮肤：如未冻伤，立即用肥皂水冲洗；如果冻伤，立即就医。
2. 眼睛：提起眼睑，用流动水清洗。就医。
3. 吸入：迅速脱离现场，至空气新鲜处，保持呼吸道流畅。如有呼吸困难，进行输氧；呼吸心跳停止，立即进行心肺复苏术。就医。

• 灭火
本品不燃。根据着火原因，选择适当灭火剂灭火。

• 疏散和隔离（ERG）
1. 小量泄漏，初始隔离 60 m，下风向疏散白天 300 m、夜晚 1200 m；大量泄漏，初始隔离 400 m，下风向疏散白天 2100 m、夜晚 5700 m。
2. 火场内如有储罐、槽车或罐车，四周隔离 1600 m，考虑初始撤离 1600 m。

• 现场环境应急（泄漏处置）
1. 消除所有点火源（禁止吸烟，消除所有明火、火花或火焰）。禁止接触或跨越泄漏物。
2. 使用防爆的通信工具。
3. 禁止直接接触污染物。作业时所有设备应接地。
4. 确保安全时，关阀、堵漏等以切断泄漏源。

• 危险废物处置
用焚烧法。

氢化氢

一、基本信息

别名 / 商用名：氢氟酸	
UN 号：1052	CAS 号：7664-39-3
分子式：HF	分子量：20.01
熔点 / 凝固点：–83.1 ℃	沸点：:120℃
闪点：	
自燃温度：	爆炸极限：
GHS 危害标签：	GHS 危害分类： • 急毒性物质：分类 2（吸入） • 金属腐蚀物质：分类 1 • 腐蚀 / 刺激皮肤物质：分类 1 • 严重损伤 / 刺激眼睛物质：分类 1
外观及性状：无色透明有刺激性臭味的液体。与水混溶，商品为 40% 水溶液。	

二、现场快速检测方法

1. 氟化氢检测管（156S）：0.17~30 μL/L（检测范围）。
2. 氟化氢检测管（770）：0.05~1 μL/L（检测范围）。

三、危险性

• 危险性类别：8.1 类　酸性腐蚀性物质

• 燃烧及爆炸危险性
  1. 本品不燃。
  2. 能与活泼金属反应，生成氢气而引起燃烧或爆炸。

• 健康危害
  1. 急性毒性：LC_{50} = 1276 mg/kg（1 h，大鼠吸入）。
  2. 接触其蒸气，可发生支气管炎、肺炎等。

3. 对皮肤有强烈的腐蚀作用。灼伤初期皮肤潮红，创面苍白、坏死，继而呈紫黑色或灰黑色。深部灼伤可形成难以愈合的深溃疡，损及骨膜和骨质。
4. 接触高浓度本品可引起角膜穿孔。

四、个人防护建议（NIOSH）

1. 皮肤：穿防酸碱服。
2. 眼睛：佩戴合适的眼部防护用品。
3. 呼吸：佩戴正压自给式空气呼吸器。
4. 衣物脱除：工作服被弄湿或受到了明显的污染，应立即脱除并妥善处置。
5. 设施配备：应配备快速冲淋洗浴设备或眼冲洗设备，以应急使用。

五、应急处置

- 急救措施
  1. 皮肤：如果该化学物质直接接触皮肤，立即用水冲洗污染的皮肤。
  2. 眼睛：提起眼睑，用流动水清洗。就医。
  3. 吸入：迅速脱离现场，至空气新鲜处，保持呼吸道流畅。如呼吸困难，进行输氧；呼吸心跳停止，立即进行心肺复苏术。就医。
  4. 误服：立即就医。

- 灭火
  本品不燃。根据着火原因，选择适当的灭火剂灭火。

- 疏散和隔离（ERG）
  1. 小量泄漏，初始隔离 30 m，下风向疏散白天 100 m、夜晚 500 m；大量泄漏，初始隔离 300 m，下风向疏散白天 1700 m、夜晚 3600 m。
  2. 火场内如有储罐、槽车或罐车，四周隔离 800 m，考虑初始撤离 800 m。

- 现场环境应急（泄漏处置）
  1. 消除所有点火源（禁止吸烟，消除所有明火、火花或火焰）。禁止接触或跨越泄漏物。
  2. 使用防爆的通信工具。
  3. 禁止直接接触污染物。作业时所有设备应接地。
  4. 确保安全时，关阀、堵漏等以切断泄漏源。
  5. 小量泄漏：用干燥的砂土或其他不燃材料覆盖泄漏物。
  6. 大量泄漏：构筑围堤或挖坑收容。用石灰粉吸收大量液体。用农用石灰、碎石灰石，或碳酸氢钠中和。用抗溶性泡沫覆盖，减少蒸发。用耐腐蚀泵转移至槽车或专用收集器内。

高氯酸铵

一、基本信息

别名 / 商用名：过氧酸铵	
UN 号：1442	CAS 号：7790-98-9
分子式：NH_4ClO_3	分子量：117.50
熔点 / 凝固点：200 ℃	沸点：150 ℃
闪点：	
自燃温度：	爆炸极限：
GHS 危害标签：	GHS 危害分类： • 爆炸物：分类 1.1 • 氧化性固体：分类 1
外观及性状：无色或白色晶体，有刺激性气味。易溶于水，溶于甲醇，不溶于乙醇、丙酮。	

二、现场快速检测方法

1. 便携式拉曼光谱仪：2 mg/L（检测限）。
2. 余氯总氯检测试纸（ZN-000033）：0.5~2 mg/L，0.5~5 mg/L，0.5~10 mg/L，0.5~20 mg/L（检测范围）；0.5 mg/L（检测限）。

三、危险性

• 危险性类别：5.1 类 氧化剂

• 燃烧及爆炸危险性
  1. 不燃，可助燃，摩擦、加热或受到污染可爆炸。
  2. 可点燃可燃物质（如木材、纸张、油料、衣服等）。
  3. 容器受热可发生爆炸。
  4. 泄漏物有着火或爆炸危险。

• 健康危害
  1. 急性毒性：LD_{50} = 3500 mg/kg（大鼠经口）；1900 mg/kg（小鼠经口）。

G

2. 对眼睛、皮肤、黏膜和呼吸道有刺激性。

四、个人防护建议（NIOSH）

1. 皮肤：穿防毒服。
2. 眼睛：佩戴合适的眼部防护用品。
3. 呼吸：佩戴防尘口罩。
4. 设施配备：应配备快速冲淋洗浴设备或眼冲洗设备，以应急使用。

五、应急处置

- 急救措施
  1. 皮肤：如果该化学物质直接接触皮肤，立即用水冲洗污染的皮肤。
  2. 眼睛：提起眼睑，用流动水清洗。就医。
  3. 吸入：迅速脱离现场，至空气新鲜处，保持呼吸道流畅。如有呼吸困难，进行输氧；呼吸心跳停止，立即进行心肺复苏术。就医。
  4. 误服：漱口，给饮牛奶或蛋清，不要催吐。尽快就医。

- 灭火
  本品不燃。根据着火原因选择适当灭火剂灭火。

- 疏散和隔离（ERG）
  1. 泄漏隔离距离至少为 500 m。如果为大量泄漏，下风向的初始隔离距离应至少为 800 m。
  2. 禁止一切通行，清理方圆至少 1600 m 范围内的区域，任其自行燃烧。切勿开动已处于火场中的货船或车辆。如果在火场中有储罐、槽车或罐车，周围至少隔离 1600 m；同时考虑四周初始疏散距离 1600 m。

- 现场环境应急（泄漏处置）
  1. 消除所有点火源（禁止吸烟，消除所有明火、火花或火焰）；作业时所有设备应接地；禁止接触或跨越泄漏物。
  2. 禁止直接接触污染物。作业时所有设备应接地。
  3. 确保安全时，关阀、堵漏等以切断泄漏源。

- 危险废物处置
  用焚烧法。

硅（粉）

一、基本信息

别名 / 商用名：硅；结晶硅；硅微粉；多晶硅；单晶硅；硅光学窗	
UN 号：1346	CAS 号：7440-21-3
分子式：Si	分子量：28.09
熔点 / 凝固点：1410 ℃	沸点：2355 ℃
闪点：	
自燃温度：	爆炸极限：
GHS 危害标签： 	GHS 危害分类： • 易燃固体：类别 2 • 严重眼损伤 / 眼刺激：类别 2B
外观及性状：黑褐色无定形非金属粉末或硬而有光泽的晶体。不溶于水，不溶于盐酸、硝酸，溶于氢氟酸、碱液。	

二、现场快速检测方法

容量法

三、危险性

• 危险性类别：4.1 类　易燃固体

• 燃烧及爆炸危险性
  1. 易燃。与钙、碳化铯、氯、氟化钴、氟、三氟化碘、三氟化锰、碳化铷、氟化银、钾钠合金剧烈反应。
  2. 遇火焰或与氧化剂接触发生反应，有中等程度的危险性。

• 健康危害
  1. 急性毒性：LD_{50} = 3160 mg/kg（大鼠经口）。
  2. 对人体无毒。高浓度吸入引起呼吸道轻度刺激，进入眼内作为异物有刺激性。

四、个人防护建议（NIOSH）

1. 皮肤：穿一般作业防护服，戴一般作业防护手套。
2. 眼睛：高浓度接触时可戴化学安全防护眼镜。
3. 呼吸：建议特殊情况下，佩戴自吸过滤式防尘口罩。
4. 其他：工作现场禁止吸烟、进食和饮水。工作服要定期清洗。工作完毕，淋浴更衣。

五、应急处置

- 急救措施（NIOSH）
  1. 皮肤：脱去污染衣着，流动清水冲洗。就医。
  2. 眼睛：提起眼睑，流动清水或生理盐水冲洗。就医。
  3. 吸入：脱离现场至空气新鲜处，保持呼吸道通畅。如呼吸困难，给输氧。呼吸停止时，进行人工呼吸。就医。
  4. 误服：饮足量温水，催吐。就医。

- 灭火
  用干粉灭火器或干砂。禁止用水和二氧化碳灭火器。

- 疏散和隔离（ERG）
  1. 立即在所有方向上隔离泄漏区至少 25 m。如发生大量泄漏，考虑最初下风向撤离至少 50 m。
  2. 如火场有装运的桶罐、罐车发生火灾，在四周隔离 800 m；同时考虑四周初始疏散距离 800 m。

- 现场环境应急（泄漏处置）
  1. 隔离泄漏污染区，限制出入。切断火源。
  2. 建议应急处理人员戴全面罩防尘面具，穿一般作业工作服。
  3. 小量泄漏：避免扬尘，用洁净的铲子收集于干燥、洁净、有盖的容器中。
  4. 大量泄漏：用水润湿，然后转移回收。

- 危险废物处置
  若可能，回收使用。或用安全掩埋法。

G

硅化钙

一、基本信息

别名／商用名：硅钙合金	
UN 号：2813	CAS 号：12013-55-7
分子式：CaSi$_2$	分子量：96.2
熔点：	沸点：
闪点：	凝固点：
自燃温度：540 ℃	爆炸极限：60 g/m^3（下限）
GHS 危害标签： 	GHS 危害分类： • 遇水放出易燃气体的物质和混合物：类别 2
外观及性状：白色粉末或玻璃质固体。	

二、现场快速检测方法

1. 便携式 X 射线荧光光谱仪（孚光精仪）：1 mg/L（检测限）。
2. 便携式原子吸收光谱仪。

三、危险性

• 危险性类别：4.3 类　遇湿易燃物

• 燃烧及爆炸危险性
   1. 粉体与空气可形成爆炸性混合物。
   2. 与水强烈反应，放出爆炸着火的氢气。
   3. 与氟发生剧烈反应。

• 健康危害
   1. 对眼睛、皮肤和黏膜有刺激性和腐蚀性。
   2. 遇湿易燃，具腐蚀性、刺激性，可致人体灼伤。

四、个人防护建议（NIOSH）

1. 皮肤：穿橡胶防腐工作服，戴橡胶手套。
2. 眼睛：戴化学安全防护镜。
3. 呼吸：佩戴自吸过滤式防尘口罩。紧急事态抢救或撤离时，应佩戴空气呼吸器。
4. 其他：工作场所禁止吸烟、进食和饮水，饭前要洗手。工作完毕，淋浴更衣。

五、应急处置

- 急救措施（NIOSH）
  1. 皮肤：掸掉皮肤上的细小颗粒。浸入冷水中或用湿绷带包扎。脱去污染的衣着，流动清水冲洗。就医。
  2. 眼睛：提起眼睑，流动清水或生理盐水彻底冲洗。就医。
  3. 吸入：脱离现场至空气新鲜处。保持呼吸道通畅。如呼吸困难，需要进行输氧。如呼吸停止，进行人工呼吸。就医。
  4. 误服：用水漱口，给饮牛奶或蛋清。就医。

- 灭火
  用干粉、二氧化碳灭火器或砂土。禁止用水和泡沫灭火器。

- 疏散和隔离（ERG）
  1. 立即在所有方向上隔离泄漏区至少 25 m。
  2. 火场内如有储罐、槽车或罐车，四周隔离 800 m；此外，考虑四周初始疏散距离 800 m。

- 现场环境应急（泄漏处置）
  1. 隔离泄漏污染区，限制出入；消除所有点火源。
  2. 应急处理人员戴防尘口罩，穿防静电、防腐服；禁止接触或跨越泄漏物；尽可能切断泄漏源；严禁用水处理。
  3. 小量泄漏：用干燥的砂土或其他不燃材料覆盖泄漏物，然后用塑料布覆盖，减少飞散、避免雨淋。
  4. 粉末泄漏：用塑料布或帆布覆盖泄漏物，减少飞散，保持干燥；在专家指导下清除。

- 危险废物处置
  用安全掩埋法。若可能，可重复利用容器或在规定场所掩埋。

过硫酸钾

一、基本信息

别名／商用名：高硫酸钾；过二硫酸钾	
UN 号：1492	CAS 号：7727-21-1
分子式：$K_2S_2O_8$	分子量：270.32
熔点／凝固点：100 ℃（分解）	沸点：
闪点：	
自燃温度：	爆炸极限：
GHS 危害标签：	GHS 危害分类： • 氧化性固体：类别 3 • 皮肤腐蚀／刺激：类别 2 • 严重眼损伤／眼刺激：类别 2A • 呼吸敏化作用：类别 1 • 皮肤敏化作用：类别 1 • 特定目标器官毒性 - 单次接触呼吸道刺激：类别 3
外观及性状：白色结晶，无气味，有潮解性。溶于水，不溶于乙醇。	

二、现场快速检测方法

• 过硫酸根
  便携式离子色谱仪：9 μg/L（检出限）。

三、危险性

• 危险性类别：5.1 类　氧化剂

• 燃烧及爆炸危险性
  助燃，具刺激性。无机氧化剂，与有机物、还原剂、易燃物如硫、磷等接触或混合时有引起燃烧爆炸的危险。急剧加热时可发生爆炸。

• 健康危害
  1. 急性毒性：LD_{50} = 802 mg/kg（大鼠经口）。

2. 吸入：粉尘对鼻、喉和呼吸道有刺激性，引起咳嗽及胸部不适。
3. 眼睛：刺激性。
4. 吞咽：刺激口腔及胃肠道，引起腹痛、恶心和呕吐。
5. 慢性影响：过敏性体质者接触可发生皮疹。

四、个人防护建议（NIOSH）

1. 皮肤：穿聚乙烯防毒服，戴橡胶手套。
2. 呼吸：佩戴头罩型电动送风过滤式防尘呼吸器。高浓度环境中，佩戴自给式呼吸器。
3. 其他：工作现场禁止吸烟、进食和饮水。工作完毕，淋浴更衣。被毒物污染的衣服单独存放和清洗。定期体检。

G

五、应急处置

- 急救措施（NIOSH）
  1. 皮肤：脱去污染衣着，流动清水彻底冲洗皮肤。
  2. 眼睛：提起眼睑，流动清水或生理盐水冲洗。
  3. 吸入：脱离现场至空气新鲜处，保持呼吸道通畅。如呼吸困难，给输氧。呼吸停止时，进行人工呼吸。就医。
  4. 误服：饮足量温水，催吐。就医。

- 灭火
  用雾状水、泡沫灭火器或砂土。

- 疏散和隔离（ERG）
  1. 立即在所有方向上隔离泄漏区至少 25 m。如发生大量泄漏，考虑最初下风向撤离至少 100 m。
  2. 如火场有装运的桶罐、罐车，在四周隔离 800 m；同时考虑四周初始疏散距离 800 m。

- 现场环境应急（泄漏处置）
  1. 撤离泄漏污染区人员至安全区；隔离泄漏污染区，严格限制出入。
  2. 应急处理人员戴全面罩防尘面具，穿防毒工作服。不要直接接触泄漏物。
  3. 勿使泄漏物与还原剂、有机物、易燃物接触。
  4. 小量泄漏：将地面洒上苏打灰，收集于干燥、洁净、有盖的容器中。也可以用大量水冲洗，洗水稀释后放入废水系统。
  5. 大量泄漏：收集回收或运至废物处理场所。

过氧化（二）苯甲酰

一、基本信息

别名/商用名：过氧化苯酰；引发剂 BPO；过氧化苯甲酰糊；过氧化苯酰糊	
UN 号：3102	CAS 号：94-36-0
分子式：$C_{14}H_{10}O_4$	分子量：242.24
熔点/凝固点：105 ℃	沸点：>35 ℃
闪点：40 ℃	
自燃温度：80 ℃	爆炸极限：
GHS 危害标签：	GHS 危害分类： • 有机过氧化物：B 型 • 皮肤敏化作用：类别 1 • 严重眼损伤/眼刺激：类别 2A • 危害水生环境 - 急性毒性：类别 1
外观及性状：白色或淡黄色晶体或粉末，微有苦杏仁味。微溶于水、甲醇，溶于乙醇、乙醚、丙酮、苯、二硫化碳等。	

二、现场快速检测方法

1. 过氧化苯甲酰快速检测试纸：0～228 mg/L（检测范围）；36 mg/L（检测限）。
2. 过氧化苯甲酰快速检测试剂盒：0～90 mg/L（检测范围）；30 mg/L（检测限）。

三、危险性

• 危险性类别：5.2 类　有机过氧化物

• 燃烧及爆炸危险性
  1. 易燃。
  2. 对撞击、摩擦较敏感，加热时会剧烈分解，引起燃烧爆炸。

• 健康危害
  1. 急性毒性：LD_{50} = 7710 mg/kg（大鼠经口）；5700 mg/kg（小鼠经口）。

2. 对呼吸道有刺激。
3. 对眼睛有刺激。
4. 对皮肤有致敏作用。

四、个人防护建议（NIOSH）

1. 皮肤：穿防毒服。
2. 眼睛：佩戴合适的眼部防护用品。
3. 呼吸：佩戴自给正压式呼吸器。
4. 衣物脱除：工作服被弄湿或受到了明显的污染，立即脱除并妥善处置。
5. 设施配备：应配备快速冲淋洗浴设备或眼冲洗设备，以应急使用。

G

五、应急处置

• 急救措施
1. 皮肤：如果该化学物质直接接触皮肤，立即用肥皂和水冲洗污染的皮肤。
2. 眼睛：提起眼睑，用流动水清洗。就医。
3. 吸入：迅速脱离现场，至空气新鲜处，保持呼吸道流畅。如有呼吸困难，进行输氧；呼吸心跳停止，立即进行心肺复苏术。就医。
4. 误服：立即就医。

• 灭火
用水、雾状水、抗溶性泡沫或二氧化碳灭火器。

• 疏散和隔离（ERG）
1. 泄漏隔离距离至少为 25 m。如果为大量泄漏，下风向的初始疏散距离应至少为 250 m。
2. 如果在火场中有储罐、槽车或罐车，周围至少隔离 800 m；同时考虑四周初始疏散距离 800 m。

• 现场环境应急（泄漏处置）
1. 消除所有点火源（禁止吸烟，消除所有明火、火花或火焰）；作业时所有设备应接地；禁止接触或跨越泄漏物。
2. 禁止直接接触污染物。作业时所有设备应接地。
3. 确保安全时，关阀、堵漏等以切断泄漏源。
4. 小量泄漏：用惰性、湿润的不燃材料吸收。使用洁净的无火花工具收集，置于盖子较松的塑料容器中以待处理。
5. 大量泄漏：用水湿润，并筑堤收容。

过氧化苯甲酸叔丁酯

一、基本信息

别名 / 商用名：	
UN 号：3103	CAS 号：614-45-9
分子式：$C_{11}H_{14}O_3$	分子量：194.23
熔点 / 凝固点：8 ℃	沸点：112 ℃
闪点：93 ℃	
自燃温度：	爆炸极限：
GHS 危害标签：	GHS 危害分类： • 有机过氧化物：C 型 • 严重眼损伤 / 眼刺激：类别 2B • 危害水生环境 - 急性毒性：类别 1
外观及性状：无色至微黄色液体，略有芳香味。不溶于水，能溶于有机溶剂。	

G

二、现场快速检测方法

1. 便携式环境气体检测仪（pGas200-PSED-20s）：0.1~100 mg/L（检测范围）。
2. 便携式红外光谱仪：5 mg/L（检测限）。

三、危险性

• 危险性类别：5.2 类　有机过氧化物

• 燃烧及爆炸危险性
  遇明火、高热、摩擦、震动、撞击可能引起激烈燃烧或爆炸。

• 健康危害
  1. 急性毒性：LD_{50} = 1012 mg/kg（大鼠经口）；914 mg/kg（小鼠经口）。
  2. 对呼吸道有刺激。
  3. 对眼睛有刺激。
  4. 对皮肤有刺激作用。

四、个人防护建议（NIOSH）

1. 皮肤：穿防静电、防腐、防毒服
2. 眼睛：佩戴合适的眼部防护用品。
3. 呼吸：佩戴自给正压式呼吸器。
4. 衣物脱除：如果工作服被可燃性物质浸湿，应当立即脱除并妥善处置。
5. 设施配备：应配备快速冲淋洗浴设备或眼冲洗设备，以应急使用。

五、应急处置

- 急救措施
  1. 皮肤：如果该化学物质直接接触皮肤，立即用肥皂水冲洗污染的皮肤。
  2. 眼睛：提起眼睑，用流动水清洗。就医。
  3. 吸入：迅速脱离现场，至空气新鲜处，保持呼吸道流畅。如有呼吸困难，进行输氧；呼吸心跳停止，立即进行心肺复苏术。就医。
  4. 误服：立即就医。

- 灭火
  小火，首选用雾状水灭火。无水时，可用泡沫或干粉灭火器。大火时，远距离用大量水灭火。

- 疏散和隔离（ERG）
  1. 泄漏隔离距离至少为 50 m。如果为大量泄漏，下风向的初始疏散距离应至少为 250 m。
  2. 如果在火场中有储罐、槽车或罐车，周围至少隔离 800 m；同时考虑四周初始疏散距离 800 m。

- 现场环境应急（泄漏处置）
  1. 消除所有点火源（禁止吸烟，消除所有明火、火花或火焰）；作业时所有设备应接地；禁止接触或跨越泄漏物。
  2. 禁止直接接触污染物。作业时所有设备应接地。
  3. 确保安全时，关阀、堵漏等以切断泄漏源。

过氧化钙

一、基本信息

别名 / 商用名：二氧化钙	
UN 号：1457	CAS 号：1305-79-9
分子式：CaO$_2$	分子量：72.08
熔点 / 凝固点：366℃（分解）	沸点：
闪点：	
自燃温度：	爆炸极限：
GHS 危害标签： 	GHS 危害分类： • 氧化性固体：类别 2 • 严重眼损伤 / 眼刺激：类别 1
外观及性状：白色结晶，无臭无味，有潮解性。不溶于水，溶于乙醇、乙醚、酸。	

二、现场快速检测方法

过氧化物酶 - 分光光度仪：0.4~10 mg/L（检测范围）。

三、危险性

• 危险性类别：5.1 类　氧化剂

• 燃烧及爆炸危险性
  1. 助燃，具有刺激性的强氧化剂。
  2. 与有机物、还原剂、易燃物，如硫、磷等接触或混合时有引起燃烧爆炸的危险，遇潮气逐渐分解，具有较强的腐蚀性。

• 健康危害
  1. 眼、鼻、喉及呼吸道：有刺激性。
  2. 口服：刺激胃肠道，发生恶心、呕吐等。
  3. 长期接触：引起皮肤及眼部损害。

四、个人防护建议（NIOSH）

1. 皮肤：穿聚乙烯防毒服，戴氯丁橡胶手套。
2. 呼吸：佩戴头罩型电动送风过滤式防尘呼吸器。
3. 其他：工作现场禁止吸烟、进食和饮水。工作完毕，淋浴更衣。

五、应急处置

- 急救措施（NIOSH）
  1. 皮肤：脱去污染的衣着，流动清水冲洗。
  2. 眼睛：提起眼睑，流动清水或生理盐水冲洗。就医。
  3. 吸入：脱离现场至空气新鲜处。保持呼吸道通畅。如呼吸困难，需要进行输氧。如呼吸停止，进行人工呼吸。就医。
  4. 误服：饮足量温水，催吐。就医。

- 灭火
  用干粉灭火器或砂土。
  严禁使用水或泡沫、二氧化碳灭火器扑救。

- 疏散和隔离（ERG）
  1. 采取预防措施，大量泄漏时，考虑最初环境条件，下风向至少撤离 100 m。未经授权的人员禁止进入隔离区。
  2. 火场内如有储罐、槽车或罐车，四周隔离 800 m；此外，考虑四周初始疏散距离 800 m。

- 现场环境应急（泄漏处置）
  1. 泄漏物远离可燃物（木材、纸、油等）。勿与有机物、还原剂、易燃物接触。
  2. 无防护措施，禁止直接接触污染物。确保安全时，关阀、堵漏等以切断泄漏源。隔离泄漏污染区，限制出入。
  3. 应急处理人员戴防尘面具（全面罩），穿防毒服。不要直接接触泄漏物。
  4. 小量泄漏：用洁净的铲子收集于干燥、洁净、有盖的容器中。
  5. 大量泄漏：收集回收或运至废物处理场所。

过氧化甲乙酮

一、基本信息

别名/商用名：过氧化丁酮；过氧化甲基乙基酮	
UN 号：3101	CAS 号：1338-23-4
分子式：$C_8H_{18}O_6$	分子量：174.20
熔点/凝固点：<−20 ℃	
闪点：50 ℃	
自燃温度：	爆炸极限：
GHS 危害标签： 	GHS 危害分类： • 有机过氧化物：B 型 • 皮肤腐蚀/刺激 类别 1 • 严重眼损伤/眼刺激 类别 1 • 危害水生环境 - 急性毒性：类别2
外观及性状：无色透明液体，有特殊臭味。微溶于水、烃类，溶于醇、醚、酯。	

二、现场快速检测方法

1. 便携式红外光谱仪：5 mg/L（检测限）。
2. 便携式液相色谱 – 质谱仪：0～970 mg/L（检测范围）；1.71 mg/L（检测限）。

三、危险性

• 危险性类别：5.2 类　有机过氧化物

• 燃烧及爆炸危险性
  1. 可燃。
  2. 在火焰中释放出刺激性或有毒烟雾（或气体）。
  3. 与酸、碱和还原剂接触，有着火和爆炸危险。

• 健康危害
  1. 急性毒性：LD_{50} = 470 mg/kg（大鼠经口）；LC_{50} = 2500 mg/m^3（4 h，小鼠吸入）。
  2. 吸入引起咽痛、咳嗽、呼吸困难，严重者可引起迟发性肺水肿。

3. 可致眼灼伤。
4. 可致皮肤灼伤。
5. 口服灼伤消化道，可有肝肾损伤，可致死。

四、个人防护建议（NIOSH）

1. 皮肤：穿全身消防服。
2. 眼睛：佩戴合适的眼部防护用品。
3. 呼吸：佩戴防毒面具。
4. 衣物脱除：工作服被弄湿或受到了明显的污染，立即脱除并妥善处置。
5. 设施配备：应配备快速冲淋洗浴设备或眼冲洗设备，以应急使用。

五、应急处置

- 急救措施
  1. 皮肤：如果该化学物质直接接触皮肤，立即用水冲洗污染的皮肤。
  2. 眼睛：提起眼睑，用流动水清洗。就医。
  3. 吸入：迅速脱离现场，至空气新鲜处，保持呼吸道流畅。如有呼吸困难，进行输氧；呼吸心跳停止，立即进行心肺复苏术。就医。
  4. 误服：立即就医。

- 灭火
  小火，首选用雾状水灭火。无水时，可用泡沫或干粉灭火器。

- 疏散和隔离（ERG）
  1. 泄漏隔离距离至少为 50 m。如果为大量泄漏，下风向的初始疏散距离应至少为 250 m。
  2. 如果在火场中有储罐、槽车或罐车，周围至少隔离 800 m；同时考虑四周初始疏散距离 800 m。

- 现场环境应急（泄漏处置）
  1. 消除所有点火源（禁止吸烟，消除所有明火、火花或火焰）；作业时所有设备应接地；禁止接触或跨越泄漏物。
  2. 禁止直接接触污染物。作业时所有设备应接地。
  3. 确保安全时，关阀、堵漏等以切断泄漏源。
  4. 小量泄漏：用惰性、湿润的不燃材料吸收，使用洁净的非火花工具收集，置于盖子较松的塑料容器中以待处理。
  5. 大量泄漏：用水湿润，并筑堤收容。防止泄漏物进入水体、下水道、地下室或密闭空间。

过氧化氢

一、基本信息

别名 / 商用名：双氧水	
UN 号：2015	CAS 号：7722-84-1
分子式：H_2O_2	分子量：34.01
熔点 / 凝固点：–2 ℃（无水）	沸点：158 ℃（无水）
闪点：	
自燃温度：	爆炸极限：
GHS 危害标签：	GHS 危害分类： • 氧化性液体：类别 1 • 皮肤腐蚀 / 刺激：类别 1A • 严重眼损伤 / 眼刺激：类别 1 • 特定目标器官毒性 - 单次接触 / 呼吸道刺激：类别 3
外观及性状：无色透明液体，有特殊臭味。微溶于水、烃类，溶于醇、醚、酯。	

二、现场快速检测方法

1. 过氧化氢气体检测管（gastec 128）：0.5~10 mg/L（检测范围）。
2. 试纸法（水体中）：0.5~25 mg/L（检测范围）；0.5 mg/L（检测限）。
3. 便携式过氧化氢检测仪：0~100 mg/L（检测范围）。

三、危险性

• 危险性类别：5.1 类　氧化剂

• 燃烧及爆炸危险性
  1. 助燃：本身不燃，与可燃物反应放出大量热量和氧气而引起着火爆炸。
  2. pH 值为 3.5~4.5 时最稳定，碱性溶液、遇强光照射，发生分解。加热到 100 ℃ 以上时，开始急剧分解。
  3. 与许多有机物（糖、淀粉、醇类、石油产品等）形成爆炸性混合物，在撞击、受热或电火花作用下能发生爆炸。
  4. 与许多无机化合物或杂质接触后会迅速分解而导致爆炸，放出大量的热量、氧和水蒸气。
  5. 大多数重金属（如铁、铜、银、铅、汞、锌、钴、镍、铬、锰等）及其氧化物和盐类都是活性催化剂，尘土、香烟灰、碳粉、铁锈等也能加速分解。

6. 浓度超过 74%，在具有适当的点火源或温度的密闭容器中，
   能产生气相爆炸。

- 健康危害
  1. 吸入：蒸气或雾对呼吸道有强烈刺激性。
  2. 眼睛：直接接触液体可致不可逆损伤甚至失明。
  3. 口服：出现腹痛、胸口痛、呼吸困难、呕吐、暂时性运动
     和感觉障碍、体温升高等。个别病例出现视力障碍、癫痫
     样痉挛、轻瘫。
  4. 长期接触：可致接触性皮炎。

四、个人防护建议（NIOSH）

1. 皮肤：穿聚乙烯防毒服，戴氯丁橡胶手套。
2. 呼吸：应佩戴自吸过滤式全面罩防毒面具。

五、应急处置

- 急救措施（NIOSH）：
  1. 皮肤：脱去污染衣着，流动清水冲洗。
  2. 眼睛：提起眼睑，流动清水或生理盐水彻底冲洗。就医。
  3. 吸入：脱离现场至空气新鲜处。保持呼吸道通畅。如呼吸
     困难，给输氧。如呼吸停止，进行人工呼吸。就医。
  4. 误服：饮足量温水，催吐。就医。

- 灭火
  用水、雾状水、干粉灭火器或砂土。

- 疏散和隔离（ERG）
  1. 立即在所有方向上隔离泄漏区至少 50 m。
  2. 如火场有装运的桶罐、罐车发生火灾，在四周隔离 800 m；
     同时考虑四周初始疏散距离 800 m。

- 现场环境应急（泄漏处置）
  1. 撤离泄漏污染区人员至安全区；隔离污染区，严格限制出入。
  2. 应急处理人员戴自给正压式呼吸器，穿防毒服。
  3. 尽可能切断泄漏源。防止流入下水道、排洪沟等限制性空间。
  4. 小量泄漏：用砂土、蛭石或其他惰性材料吸收。也可以用
     大量水冲洗，洗水稀释后放入废水系统。
  5. 大量泄漏：构筑围堤或挖坑收容。喷雾状水冷却和稀释蒸
     气、保护现场人员、把泄漏物稀释成不燃物。用泵转移至
     槽车或专用收集器内，回收或运至废物处理场所。

- 危险废物处置
  经水稀释后，发生分解放出氧气，待充分分解后，把废液排入
  废水系统。

过氧乙酸

一、基本信息

别名 / 商用名：过乙酸；乙酰过氧化氢	
UN 号：2131	CAS 号：79-21-0
分子式：$C_2H_4O_3$	分子量：76.05
熔点 / 凝固点：0.1 ℃	沸点：105 ℃
闪点：41 ℃	
自燃温度：	爆炸极限：
GHS 危害标签：	GHS 危害分类： • 易燃液体：类别 3 • 氧化性液体：类别 1 • 皮肤腐蚀 / 刺激：类别 1A • 严重眼损伤 / 眼刺激：类别 1 • 特定目标器官毒性 - 单次接触、呼吸道刺激：类别 3 • 危害水生环境 - 急性毒性：类别 1
外观及性状：无色液体，有强烈刺激性气味。溶于水、乙醇、乙醚、硫酸。	

二、现场快速检测方法

1. 过氧乙酸残留快速检测试纸：0.5~1 mg/L，0.5~2 mg/L，0.5~4 mg/L，0.5~10 mg/L，0.5~20 mg/L，0.5~40 mg/L，0~50 mg/L，0~100 mg/L，0~500 mg/L（检测范围）；0.5 mg/L（检测限）。
2. 过氧乙酸比色管：0.1~10 mg/L（检测范围）；0.1 mg/L（检测限）。

三、危险性

• 危险性类别：5.2 类　有机过氧化物

• 燃烧及爆炸危险性
  1. 易燃。
  2. 受热、撞击易发生分解，甚至导致爆炸。

- 健康危害
  1. 急性毒性: LC$_{50}$ = 450 mg/m^3 (大鼠吸入); LD$_{50}$ = 1771 mg/kg (大鼠经口); LD$_{50}$ = 1622 mg/kg (兔经皮)。
  2. 本品对眼睛、皮肤、黏膜和上呼吸道有强烈刺激作用。
  3. 口服引起胃肠道刺激,可发生休克和肺水肿。

四、个人防护建议 (NIOSH)

  1. 皮肤: 穿防酸碱工作服。
  2. 眼睛: 佩戴合适的眼部防护用品。
  3. 呼吸: 戴正压自给式空气呼吸器。
  4. 设施配备: 应配备快速冲淋洗浴设备或眼冲洗设备,以应急使用。

G

五、应急处置

- 急救措施
  1. 皮肤: 如果该化学物质直接接触皮肤,立即用水冲洗污染的皮肤。
  2. 眼睛: 提起眼睑,用流动水清洗。就医。
  3. 吸入: 迅速脱离现场,至空气新鲜处,保持呼吸道流畅。如有呼吸困难,进行输氧;呼吸心跳停止,立即进行心肺复苏术。就医。
  4. 误服: 立即就医。

- 灭火
  用水、雾状水、抗溶性泡沫或二氧化碳灭火器。

- 疏散和隔离 (ERG)
  1. 污染范围不明的情况下,初始隔离至少 100 m,下风向疏散至少 500 m。
  2. 火场内如有原油储罐、槽车或罐车,四周隔离 800 m。考虑撤离隔离区的人员、物资;疏散无关人员并划定警戒区;在上风处停留,切勿进入低洼处;进入密闭空间之前必须先通风。

- 现场环境应急 (泄漏处置)
  1. 消除所有点火源 (禁止吸烟,消除所有明火、火花或火焰)。禁止接触或跨越泄漏物。
  2. 使用防爆的通信工具。
  3. 禁止直接接触污染物。作业时所有设备应接地。
  4. 确保安全时,关阀、堵漏等以切断泄漏源。

环氧丙烷

一、基本信息

别名/商用名：氧化丙烯；甲基环氧乙烷；（±）-环氧丙烷；PO	
UN 号：1280	CAS 号：75-56-9
分子式：C_3H_6O	分子量：58.08
熔点/凝固点：–104.4 ℃	沸点：33.9 ℃
闪点：–37 ℃	
自燃温度：420 ℃	爆炸极限：2.3%~36%（体积比）
GHS 危害标签：	GHS 危害分类： • 易燃液体：类别 1 • 皮肤腐蚀/刺激：类别 2 • 严重眼损伤/眼刺激：类别 2A • 特定目标器官毒性-单次接触 1 • 呼吸道刺激：类别 3 • 生殖细胞致突变性：类别 1B • 致癌性：类别 2
外观及性状：无色液体、有醚的气味。。	

二、现场快速检测方法

便携式气相色谱仪：0.0007~0.0025 mg/L（检测范围）；0.0007 mg/L（检测限）。

三、危险性

- 危险性类别：3.1 类　低闪点易燃液体

- 燃烧及爆炸危险性
  1. 易燃，与空气可形成爆炸性混合物，遇明火、高热有燃烧爆炸危险。
  2. 蒸气比空气重，能在较低处扩散到相当远的地方，遇火源会着火回燃。

- 健康危害
  1. 急性毒性：LD_{50} = 380 mg/kg（大鼠经口）；LC_{50} = 4000 mg/L（4 h，大鼠吸入）；LD_{50} = 1245 mg/kg（兔经皮）。

2. 接触高浓度蒸气，会出现眼和呼吸道刺激症状，中枢神经系统抑制症状。
3. 重者可见有烦躁不安、多语、谵妄，甚至昏迷。少数出现中毒性肠麻痹、消化道出血以及心、肝、肾损害。
4. 眼和皮肤接触可致灼伤。

四、个人防护建议（NIOSH）

1. 皮肤：穿防毒、防静电服。
2. 眼睛：佩戴合适的眼部防护用品。
3. 呼吸：戴正压自给式空气呼吸器。
4. 设施配备：应配备快速冲淋洗浴设备或眼冲洗设备，以应急使用。

五、应急处置

- 急救措施
  1. 皮肤：如果该化学物质直接接触皮肤，立即用水冲洗污染的皮肤。
  2. 眼睛：提起眼睑，用流动水清洗。就医。
  3. 吸入：迅速脱离现场，至空气新鲜处。保持呼吸道流畅。如有呼吸困难，进行输氧；呼吸心跳停止，立即进行心肺复苏术。就医。
  4. 误服：用清水漱口，给饮牛奶或蛋清。就医。

- 灭火
  用抗溶性泡沫、二氧化碳、干粉灭火器或砂土。用水灭火无效。

- 疏散和隔离（ERG）
  1. 泄漏隔离距离至少为 50 m。如果为大量泄漏，下风向的初始疏散距离应至少为 300 m。
  2. 火场内如有原油储罐、槽车或罐车，四周隔离 800 m。考虑撤离隔离区的人员、物资；疏散无关人员并划定警戒区；在上风处停留，切勿进入低洼处；进入密闭空间之前必须先通风。

- 环境环境应急（泄漏处置）
  1. 消除所有点火源（禁止吸烟，消除所有明火、火花或火焰）。禁止接触或跨越泄漏物。
  2. 使用防爆的通信工具。
  3. 禁止直接接触污染物。作业时所有设备应接地。
  4. 确保安全时，关阀、堵漏等以切断泄漏源。
  5. 小量泄漏：用砂土或其他不燃材料吸收。使用洁净的无火花工具收集吸收材料。
  6. 大量泄漏：构筑围堤或挖坑收容。用石灰粉吸收大量液体。用抗溶性泡沫覆盖，减少蒸发。喷水雾能减少蒸发，但不能降低泄漏物在受限制空间内的易燃性。用防爆泵转移至槽车或专用收集器内。喷雾状水驱散蒸气、稀释液体泄漏物。

环氧氯丙烷

一、基本信息

别名/商用名: 表氯醇; 1-氯-2,3-环氧丙烷; 3-氯-1,2-环氧丙烷; (±)-环氧氯丙烷; ECH	
UN 号: 2023	CAS 号: 106-89-8
分子式: C_3H_5OCl	分子量: 92.53
熔点/凝固点: –25.6 ℃	沸点: 117.9 ℃
闪点: 34 ℃	
自燃温度:	爆炸极限:
GHS 危害标签: 	GHS 危害分类: • 易燃液体: 类别 3 • 急毒性-口服: 类别 3 • 急毒性-皮肤: 类别 3 • 皮肤腐蚀/刺激: 类别 1B • 皮肤敏化作用: 类别 1 • 严重眼损伤/眼刺激: 类别 1 • 急毒性-吸入: 类别 3 • 致癌性: 类别 1B
外观及性状: 无色油状液体, 有氯仿样刺激气味。微溶于水, 可混溶于醚、醇、四氯化碳、苯。	

二、现场快速检测方法

1. 迷你式环氧氯丙烷检测仪 (HD5-Mini): 0 ~ 100 mg/L, 0 ~ 500 mg/L, 0 ~ 1000 mg/L (检测范围)。
2. 便携式环氧氯丙烷气体检测仪 (WL-3000): 0 ~ 100 mg/L (检测范围)。

三、危险性

• 危险性类别: 6.1 类　毒性物质

• 燃烧及爆炸危险性
  1. 易燃。
  2. 其蒸气与空气能行成爆炸性混合物, 遇明火、高热能引起分解爆炸和燃烧。

3. 在火场，由于发生剧烈分解，受热的容器或储罐有破裂或爆炸的危险。

- 健康危害
  1. 急性毒性：LC_{50} = 250 mg/L（8 h，大鼠吸入）；LD_{50} = 1060 mg/kg（兔经皮），90 mg/kg（大鼠经口）。
  2. 蒸气对呼吸道有强烈刺激性。
  3. 反复和长时间吸入能引起肺、肝和肾损伤。
  4. 皮肤直接接触液体可致灼伤。

四、个人防护建议（NIOSH）

1. 皮肤：穿全身防火防毒服。
2. 眼睛：佩戴合适的眼部防护用品。
3. 呼吸：戴过滤式防毒面具（全面罩）或隔离式呼吸器。
4. 设施配备：应配备快速冲淋洗浴设备或眼冲洗设备，以应急使用。

五、应急处置

- 急救措施
  1. 皮肤：如果该化学物质直接接触皮肤，立即用水冲洗污染的皮肤。
  2. 眼睛：提起眼睑，用流动水清洗。就医。
  3. 吸入：迅速脱离现场，至空气新鲜处，保持呼吸道流畅。如有呼吸困难，进行输氧；呼吸心跳停止，立即进行心肺复苏术。就医。
  4. 误服：立即就医。

- 灭火
  用雾状水、泡沫、干粉及二氧化碳灭火器或砂土。

- 疏散和隔离（ERG）
  泄漏隔离距离至少为 50 m。如果为大量泄漏，在初始隔离距离的基础上加大下风向的疏散距离。

- 现场环境应急（泄漏处置）
  1. 消除所有点火源（禁止吸烟，消除所有明火、火花或火焰）。禁止接触或跨越泄漏物。
  2. 使用防爆的通信工具。
  3. 禁止直接接触污染物。作业时所有设备应接地。
  4. 确保安全时，关阀、堵漏等以切断泄漏源。
  5. 小量泄漏：用砂土或其他不燃材料吸收。使用洁净的无火花工具收集吸收材料。
  6. 大量泄漏：构筑围堤或挖坑收容。用灰粉吸收大量液体。用泡沫覆盖，减少蒸发。喷水雾能减少蒸发，但不能降低泄漏物在受限制空间内的易燃性。用防爆、耐腐蚀泵转移车或专用收集器内。喷雾状水驱散蒸气、稀释液体泄漏物。

环氧乙烷

一、基本信息

别名 / 商用名：环氧乙烯；氧化乙烯；EO	
UN 号：1040	CAS 号：75-21-8
分子式：C_2H_4O	分子量：44.05
熔点 / 凝固点：–111.2 ℃	沸点：10.4 ℃
闪点：<–17.8 ℃	
自燃温度：429 ℃	爆炸极限：3.0%~100%（体积比）
GHS 危害标签：	GHS 危害分类： • 易燃气体：类别 1A • 化学不稳定性气体：类别 A • 高压气体：压缩气体 • 急性毒性 - 吸入：类别 3 • 皮肤腐蚀 / 刺激：类别 2 • 严重损伤 / 刺激眼睛物质：类别 2A • 生殖细胞致突变性：类别 1B • 致癌性：类别 1A • 特异性靶器官毒性物质 - 一次接触：类别 3
外观及性状：无色气体。易溶于水以及多数有机溶剂。	

二、现场快速检测方法

便携式气相色谱仪：0.0~0.025 mg/L（检测范围）；0.0006 mg/L（检测限）。

三、危险性

• 危险性类别：2.1 类　易燃气体

• 燃烧及爆炸危险性
　1. 极易燃。
　2. 其蒸气与空气形成范围广阔的爆炸性混合物，遇明火或高热能引起燃烧爆炸。其液体一般不具有爆炸性。

• 健康危害
　1. 急性毒性：LD_{50} = 72 mg/kg（大鼠经口）；LC_{50} = 800 mg/L（4 h，大鼠吸入）。

2. 吸入会导致呼吸系统损害，重者引起昏迷和肺水肿，可出现心肌损害和肝损害。
3. 可致皮肤损害。
4. 可致眼灼伤。

四、个人防护建议（NIOSH）

1. 皮肤：穿防静电服。
2. 眼睛：佩戴合适的眼部防护用品。
3. 呼吸：佩戴正压自给式空气呼吸器。
4. 衣物脱除：工作服被可燃性物质浸湿，应当立即脱除并妥善处置。
5. 设施配备：应配备快速冲淋洗浴设备或眼冲洗设备，以应急使用。

五、应急处置

• 急救措施
  1. 皮肤：如果该化学物质直接接触皮肤，立即用水冲洗污染的皮肤。
  2. 眼睛：提起眼睑，用流动水清洗。就医。
  3. 吸入：迅速脱离现场，至空气新鲜处，保持呼吸道流畅。如有呼吸困难，进行输氧；呼吸心跳停止，立即进行心肺复苏术。就医。
  4. 误服：立即就医。

• 灭火
用雾状水、抗溶性泡沫、干粉或二氧化碳灭火器。

• 疏散和隔离（ERG）
小量泄漏：初始隔离30 m，下风向疏散白天100 m、夜晚200 m。
大量泄漏：初始隔离150 m，下风向疏散白天800 m、夜晚2500 m。

• 现场环境应急（泄漏处置）
  1. 消除所有点火源（禁止吸烟，消除所有明火、火花或火焰）。禁止接触或跨越泄漏物。
  2. 使用防爆的通信工具。
  3. 禁止直接接触污染物。作业时所有设备应接地。
  4. 确保安全时，关阀、堵漏等以切断泄漏源。
  5. 禁止用水直接冲击泄漏物或泄漏源。防止气体通过下水道、通风系统和密闭性空间扩散。隔离泄漏区直至气体散尽。

H

甲苯

一、基本信息

别名 / 商用名：甲基苯	
UN 号：1294	CAS 号：108-88-3
分子式：C_7H_8	分子量：92.14
熔点 / 凝固点：–94.9 ℃	沸点：110.6 ℃
闪点：4 ℃	
自燃温度：535 ℃	爆炸极限：1.2%~7.0%（体积比）
GHS 危害标签：	GHS 危害分类： • 易燃气体：类别 2 • 皮肤腐蚀 / 刺激：类别 2 • 生殖毒性：类别 2 • 特异性靶器官毒性 - 一次接触：类别 3 • 特异性靶器官毒性 - 反复接触：类别 2 • 吸入危害：类别 1 • 危害水声环境 - 急性危害：类别 2 • 危害水声环境 - 长期危害：类别 3
外观及性状：无色透明液体，有类似苯芳香气味。可混溶于苯、醇、醚等多数有机溶剂。	

二、现场快速检测方法

1. 甲苯检测管（8101661）：5~300 μL/L（检测范围）。
2. 甲苯检测管（8101701）：50~400 μL/L（检测范围）。

三、危险性

- 危险性类别：3.2 类　中闪点易燃液体

- 燃烧及爆炸危险性
  1. 本品易燃，其蒸气与空气形成范围广阔的爆炸性混合物，遇明火或高热能引起燃烧爆炸，并产生黑色有毒烟气。
  2. 流速过快时，容易产生静电。
  3. 在火场中，受热的容器有爆炸危险。

- 健康危害
  1. 急性毒性：LD_{50} = 5636 mg/kg（大鼠经口）；LC_{50} = 12124 mg/kg（兔经皮）。

2. 吸入可出现上呼吸道明显的刺激症状、头晕、头痛、恶心、呕吐、胸闷、四肢无力、步态蹒跚、意识模糊。重症者可有躁动、抽搐、昏迷。
3. 可致眼结膜充血和皮肤损伤。

四、个人防护建议（NIOSH）

1. 皮肤：穿防毒、防静电服。
2. 眼睛：佩戴合适的眼部防护用品。
3. 呼吸：佩戴正压自给式空气呼吸器。
4. 衣物脱除：工作服被可燃性物质浸湿，应当立即脱除并妥善处置。
5. 设施配备：应配备快速冲淋洗浴设备或眼冲洗设备，以应急使用。

五、应急处置

- 急救措施
  1. 皮肤：如果该化学物质直接接触皮肤，立即用水冲洗污染的皮肤。
  2. 眼睛：提起眼睑，用流动水清洗。就医。
  3. 吸入：迅速脱离现场，至空气新鲜处，保持呼吸道流畅。如有呼吸困难，进行输氧；呼吸心跳停止，立即进行心肺复苏术。就医。
  4. 误服：立即就医。

- 灭火
  用泡沫、干粉、二氧化碳灭火器或砂土。用水灭火无效。

- 疏散和隔离（ERG）
  1. 泄漏隔离距离至少为 50 m。如果为大量泄漏，下风向的初始疏散距离应至少为 300 m。
  2. 火场内如有储罐、槽车或罐车，四周隔离 800 m。考虑初始隔离 800 m。

- 现场环境应急（泄漏处置）
  1. 消除所有点火源（禁止吸烟，消除所有明火、火花或火焰）。禁止接触或跨越泄漏物。
  2. 使用防爆的通信工具。
  3. 禁止直接接触泄漏污染物。作业时所有设备应接地。
  4. 确保安全时，关阀、堵漏等以切断泄漏源。
  5. 小量泄漏：用砂土或其他不燃材料吸收。使用洁净的无火花工具收集吸收材料。
  6. 大量泄漏：构筑围堤或挖坑收容。用石灰粉吸收大量液体。用泡沫覆盖，减少蒸发。喷水雾能减少蒸发，但不能降低泄漏物在受限制空间内的易燃性，用防爆泵转移至槽车或专用收集器内。

甲苯二异氰酸酯

一、基本信息

别名 / 商用名：甲苯 -2,4- 二异氰酸酯；2,4- 二异氰酸甲苯酯；2,4-TDI	
UN 号：2078	CAS 号：584-84-9
分子式：$C_9H_6O_2N_2$	分子量：174.16
熔点 / 凝固点：13.2℃	沸点：
闪点：121 ℃	
自燃温度：	爆炸极限：0.9%~9.5%
GHS 危害标签：	GHS 危害分类： • 皮肤腐蚀 / 刺激：类别 2 • 皮肤敏化作用：类别 1 • 严重眼损伤 / 眼刺激：类别 2A • 急毒性 - 吸入：类别 2 • 呼吸敏化作用：类别 1 • 特定目标器官毒性 - 单次接触 / 呼吸道刺激：类别 3 • 致癌性：类别 2 • 危害水生环境 - 慢性毒性：类别 3
外观及性状：无色至淡黄色透明液体，溶于丙酮、醚。	

二、现场快速检测方法

便携式甲苯二异氰酸酯 TDI 气体检测仪：0~100 mg/L，0~500 mg/L，0~1000 mg/L，0~5000 mg/L（检测范围）。

三、危险性

• 危险性类别：6.1 类　毒性物质

• 燃烧及爆炸危险性
  1. 可燃，蒸气与空气可形成爆炸性混合物，遇明火、高热能引起燃烧或爆炸。燃烧产生有毒。
  2. 蒸气比空气重，能在较低处扩散到相当远的地方，遇火源会着火回燃。

• 健康危害
  1. 急性毒性：LC_{50} = 99.72 mg/m³（大鼠吸入）；LD_{50} = 5800 mg/kg（大鼠经口）。

2. 高浓度接触直接损伤呼吸道黏膜，发生喘息性支气管炎，可引起肺炎和肺水肿。
3. 蒸气和液体对眼有刺激性。
4. 对皮肤有刺激性和致敏性。

四、个人防护建议（NIOSH）

1. 皮肤：穿防毒服。
2. 眼睛：佩戴合适的眼部防护用品。
3. 呼吸：戴正压自给式空气呼吸器。
4. 设施配备：应配备快速冲淋洗浴设备或眼冲洗设备，以应急使用。

五、应急处置

- 急救措施
  1. 皮肤：如果该化学物质直接接触皮肤，立即用水冲洗污染的皮肤。
  2. 眼睛：提起眼睑，用流动水清洗。就医。
  3. 吸入：迅速脱离现场，至空气新鲜处，保持呼吸道流畅。如有呼吸困难，进行输氧；呼吸心跳停止，立即进行心肺复苏术。就医。
  4. 误服：饮足量温水，催吐、洗胃、导泻。就医。

- 灭火
  用干粉、二氧化碳灭火器或砂土。不得使用直流水扑救。

- 疏散和隔离（ERG）
  1. 泄漏隔离距离对于液体周围至少为 50 m，对于固体至少为 25 m。如果为大量泄漏，在初始隔离距离的基础上加大下风向的疏散距离。
  2. 火场内如有原油储罐、槽车或罐车，四周隔离 800 m。考虑撤离隔离区的人员、物资；疏散无关人员并划定警戒区；在上风处停留，切勿进入低洼处；进入密闭空间之前必须先通风。

- 现场环境应急（泄漏处置）
  1. 消除所有点火源（禁止吸烟，消除所有明火、火花或火焰）。禁止接触或跨越泄漏物。
  2. 使用防爆的通信工具。
  3. 禁止直接接触污染物。作业时所有设备应接地。
  4. 确保安全时，关阀、堵漏等以切断泄漏源。
  5. 小量泄漏：用干燥的砂土或其他不燃料覆盖泄漏物。
  6. 大量泄漏，构筑围堤或挖坑收容。用泵转移至槽车或专用收集器内。

J

甲醇

一、基本信息

别名 / 商用名：木醇；木精	
UN 号：1230	CAS 号：67-56-1
分子式：CH_4O	分子量：32.04
熔点 / 凝固点：–97.8 ℃	沸点：64.8 ℃
闪点：11 ℃	
自燃温度：385 ℃	爆炸极限：5.5%~44.0%（体积比）
GHS 危害标签： 	GHS 危害分类： • 易燃液体：类别 2 • 急性毒性 - 经口：类别 3 • 急性毒性 - 经皮：类别 3 • 急性毒性 - 吸入：类别 3 • 特异性靶器官毒性 - 一次接触：类别 1
外观及性状：无色澄清液体，有刺激性气味。溶于水，可混溶于醇、醚、苯等多数溶剂。	

二、现场快速检测方法

1. 甲醇检测管（119U）：20~1000 mg/L（检测范围）。
2. 便携式气相色谱仪：0.01~0.2 mg/L（检测范围）；0.005 mg/L（检测限）。

三、危险性

• 危险性类别：3.2 类　中闪点易燃气体

• 燃烧及爆炸危险性
  1. 易燃。其蒸气与空气混合能形成爆炸性混合物，遇明火或高热能引起燃烧爆炸。
  2. 蒸气比空气重，能在较低处扩散到相当远的地方。遇火源会着火回燃。

• 健康危害
  1. 急性毒性：LD_{50} = 5628 mg/kg（大鼠经口）；LC_{50} = 64000 mg/L（4 h，大鼠吸入）。

2. 吸入引起上呼吸道刺激症状。
3. 皮肤出现脱脂、皮炎等。
4. 视神经及视网膜病变，可出现视物模糊、复视等，重者失明。
5. 口服有胃肠道刺激症状。

四、个人防护建议（NIOSH）

1. 皮肤：穿防毒服。
2. 眼睛：佩戴合适的眼部防护用品。
3. 呼吸：佩戴正压自给式空气呼吸器。
4. 衣物脱除：工作服被可燃性物质浸湿，应当立即脱除并妥善处置。
5. 设施配备：应配备快速冲淋洗浴设备或眼冲洗设备，以应急使用。

五、应急处置

• 急救措施
  1. 皮肤：如果该化学物质直接接触皮肤，立即用水冲洗污染的皮肤。
  2. 眼睛：提起眼睑，用流动水清洗。就医。
  3. 吸入：迅速脱离现场，至空气新鲜处，保持呼吸道流畅。如有呼吸困难，进行输氧；呼吸心跳停止，立即进行心肺复苏术。就医。
  4. 误服：立即就医。

• 灭火
  用抗溶性泡沫、二氧化碳、干粉灭火器或砂土。

• 疏散和隔离（ERG）
  1. 泄漏隔离距离至少为 50 m。如果为大量泄漏，在初始隔离距离的基础上加大下风向的疏散距离。
  2. 火场内如有储罐、槽车或罐车，四周隔离 800 m。考虑初始撤离 800 m。

• 现场环境应急（泄漏处置）
  1. 消除所有点火源（禁止吸烟，消除所有明火、火花或火焰）。禁止接触或跨越泄漏物。
  2. 使用防爆的通信工具。
  3. 禁止直接接触污染物。作业时所有设备应接地。
  4. 确保安全时，关阀、堵漏等以切断泄漏源。

甲醇钠

一、基本信息

别名 / 商用名：甲氧基钠	
UN 号：1431	CAS 号：124-41-4
分子式：CH_3ONa	分子量：54.02
熔点 / 凝固点：50 ℃	沸点：>450 ℃
闪点：	
自燃温度：70~80 ℃	爆炸极限：
GHS 危害标签	GHS 危害分类： • 自热物质和混合物：类别 1 • 皮肤腐蚀 / 刺激：类别 1B • 严重眼损伤 / 眼刺激：类别 1
外观及性状：白色无定形、易流动粉末，无臭。溶于甲醇、乙醇。	

二、现场快速检测方法

盐酸标准溶液滴定法。

三、危险性

- 危险性类别：4.2 类　自燃物品

- 燃烧及爆炸危险性
  1. 自燃。加热可能引起剧烈燃烧式爆炸。
  2. 与氧化剂接触猛烈反应。
  3. 受热分解释出高毒烟雾。
  4. 遇潮时对部分金属如铝、锌等有腐蚀性。

- 健康危害
  1. 急性毒性：LD_{50} = 2037 mg/kg（大鼠经口）。
  2. 蒸气、雾或粉尘对呼吸道有强烈刺激和腐蚀性。
  3. 吸入：可引起昏睡、中枢抑制和麻醉。
  4. 眼睛：强烈刺激和腐蚀性，可致失明。
  5. 皮肤：可致灼伤。
  6. 口服：腐蚀消化道，引起腹痛、恶心、呕吐；大量口服可致失明和死亡。

J

7. 慢性影响：对中枢神经系统有抑制作用。

1. 皮肤：穿阻燃防静电防护服和抗静电的防护鞋。
2. 眼睛：佩戴化学防护镜（符合欧盟 EN 166 或美国 NIOSH 标准）。

五、应急处置

- 急救措施（NIOSH）
  1. 皮肤：脱去污染衣着，肥皂水和清水冲洗。就医。
  2. 眼睛：提起眼睑，彻底冲洗。就医。
  3. 呼吸：脱离现场至空气新鲜处。保持呼吸道通畅。如呼吸困难，给输氧。如呼吸停止，进行心肺复苏术。就医。若患者不慎食入或吸入本产品，则不得口对口人工呼吸。
  4. 消化系统：禁止催吐，切勿给失去知觉者从嘴里喂食任何东西。就医。

- 灭火
  1. 用干砂、干粉、二氧化碳或耐醇泡沫。
  2. 切忌使用太强烈的水汽进行抢救，因为这可能会导致火苗蔓延四散。
  3. 大量本品火灾，不得用水或泡沫水灭火。

- 疏散和隔离（ERG）
  1. 立即在所有方向上隔离泄漏区至少 25 m。
  2. 火场内如有储罐、槽车或罐车，四周隔离 800 m，考虑初始撤离 800 m。

- 现场环境应急（泄漏处置）
  1. 保证充分的通风，清除所有点火源，迅速将人员撤离到安全区域，远离泄漏区域并处于上风方向，使用个人防护装备。避免吸入蒸气、烟雾、气体或风尘。
  2. 小量泄漏：可采用干砂或惰性吸附材料吸收泄漏物。
  3. 大量泄漏：需筑堤控制，附着物或收集物应存放在密闭容器中。

- 危险废物处置
  远离热和火源，如有可能，可返还给供应商循环使用。

J

α - 甲基苯基甲醇

一、基本信息

别名 / 商用名: (±)-1- 苯基乙醇; 外消旋 1- 苯乙醇; α- 苯乙醇; DL-1- 苯乙醇; 甲基苯基甲醇; DL-1- 羟基乙基苯

UN 号:	CAS 号: 13323-81-4
分子式: $C_8H_{10}O$	分子量: 122.16
熔点 / 凝固点: 20 ℃	沸点: 204 ℃ (99.085 kPa)
闪点: 85 ℃	
自燃温度:	爆炸极限:

GHS 危害标签:	GHS 危害分类:
	• 急性毒性 - 口服: 类别 4 • 皮肤腐蚀 / 刺激: 类别 2 • 严重眼损伤 / 眼刺激: 类别 1

外观及性状: 无色液体, 有花香味。不溶于水, 溶于丙二醇、醇、醚、氯仿, 易溶于甘油。

二、现场快速检测方法

1. 检气管: 2 ~ 1500 mg/L (检测范围); 0.5 mg/L (检测限)。
2. 便携式气相色谱 - 质谱仪: 0~50 mg/L (检测范围); 0.05 mg/L (检测限)。

三、危险性

• 危险性类别: 6 类　毒害性物质

• 有刺激性

• 健康危害:
1. 急性毒性: LD_{50} = 400 mg/kg (大鼠经口), 2500 mg/kg (兔经皮)。
2. 吸入、摄入或经皮肤: 对身体有害。
3. 眼睛、皮肤、黏膜和呼吸道: 强烈刺激作用。
4. 接触: 引起头痛、头晕、恶心、呕吐、咳嗽、气短等。

四、个人防护建议（NIOSH）

1. 皮肤：穿防毒物渗透工作服，戴橡胶手套。
2. 呼吸：佩戴自吸过滤式全面罩防毒面具。紧急事态抢救或撤离时，佩戴空气呼吸器。
3. 其他：工作现场禁止吸烟、进食和饮水。工作完毕，淋浴更衣。

五、应急处置

- 急救措施（NIOSH）
  1. 皮肤：脱去污染衣着，流动清水冲洗。就医。
  2. 眼睛：提起眼睑，流动清水或生理盐水彻底冲洗。就医。
  3. 吸入：脱离现场至空气新鲜处。保持呼吸道通畅。如呼吸困难，给输氧；呼吸心跳停止，进行人工呼吸。就医。
  4. 误服：用水漱口，给饮牛奶或蛋清。就医。

- 灭火：
  用雾状水、泡沫、干粉、二氧化灭火器或砂土。

- 疏散与隔离（ERG）
  1. 立即在所有方向上隔离泄漏区至少 50 m。
  2. 火场内如有储罐、槽车或罐车，四周隔离 800 m。考虑初始撤离 800 m。

- 现场环境应急（泄漏处置）
  1. 撤离泄漏污染区人员至安全区；隔离污染区，严格限制出入。切断火源。
  2. 应急处理人员戴自给式呼吸器，穿防毒服。勿直接接触泄漏物。
  3. 切断泄漏源。防止流入下水道、排洪沟等限制空间。
  4. 小量泄漏：用砂土、蛭石或其他惰性材料吸收。
  5. 大量泄漏：构筑围堤或挖坑收容。用泵转移至槽车或专用收集器内，回收或运至废物处理场所。

甲基肼

一、基本信息

别名 / 商用名：甲基联胺；一甲肼	
UN 号：1244	CAS 号：60-34-4
分子式：CH_6N_2	分子量：46.07
熔点 / 凝固点：−20.9 ℃	沸点：87.8 ℃
闪点：−8 ℃	
自燃温度：194 ℃	爆炸极限：2.5%~98.0%（体积比）
GHS 危害标签： 	GHS 危害分类： • 易燃液体：类别 1 • 急毒性 - 口服：类别 2 • 急毒性 - 皮肤：类别 2 • 皮肤腐蚀 / 刺激：类别 2 • 严重眼损伤 / 眼刺激：类别 2A • 急毒性 - 吸入：类别 1 • 生殖毒性：类别 2 • 特定目标器官毒性 - 单次接触：类别 1 • 特定目标器官毒性 - 重复接触：类别 1 • 危害水生环境 - 急性毒性：类别 1 • 危害水生环境 - 慢性毒性：类别 1
外观及性状：无色液体，有氨的气味。溶于水、乙醇、乙醚。	

二、现场快速检测方法

便携式甲基肼检测报警仪（TD400-SH-CH_6N_2）：0~100 mg/L（检测范围）。

三、危险性

• 危险性类别：3.2 类　中闪点易燃液体

• 燃烧及爆炸危险性
  1. 极易燃，放出刺激性的氧化氮烟气。
  2. 其蒸气与空气可形成爆炸性混合物，遇明火、高热极易燃烧爆炸。
  3. 接触多孔物质时易发生自燃。

• 健康危害
  1. 急性毒性：LD_{50} = 71 mg/kg（大鼠经口）；LC_{50} = 34 mg/kg

（4 h，大鼠吸入）。
2. 吸入甲基肼蒸气可出现流泪、喷嚏、咳嗽，以后可见眼充血、支气管痉挛、呼吸困难，继之恶心、呕吐。
3. 皮肤接触引起灼伤。

四、个人防护建议（NIOSH）

1. 皮肤：穿全身防火防毒服。
2. 眼睛：佩戴合适的眼部防护用品。
3. 呼吸：佩戴过滤式防毒面具（全面罩）或隔离式呼吸器。
4. 衣物脱除：如果工作服被可燃性物质浸湿，应立即脱除并妥善处置。
5. 设施配备：应配备快速冲淋洗浴设备或眼冲洗设备，以应急使用。

五、应急处置

- 急救措施
  1. 皮肤：直接接触皮肤，应立即用水冲洗污染的皮肤。
  2. 眼睛：提起眼睑，用流动水清洗。就医。
  3. 吸入：迅速脱离现场，到空气新鲜处，保持呼吸道通畅。如有呼吸困难，进行输氧；呼吸心跳停止，立即进行心肺复苏术。就医。
  4. 误服：立即就医。

- 灭火
  用抗溶性泡沫、雾状水、二氧化碳或干粉灭火器。禁止用砂土压盖。

- 疏散和隔离（ERG）
  1. 小量泄漏，初始隔离30 m，下风向疏散白天300 m、夜晚700 m；大量泄漏，初始隔离150 m，下风向疏散白天1500 m、夜晚2500 m。
  2. 火场内如有储罐、槽车或罐车，四周隔离800 m。考虑初始撤离800 m。

- 现场环境应急（泄漏处置）
  1. 消除所有点火源（禁止吸烟，消除所有明火、火花或火焰）；作业时所有设备应接地；禁止接触或跨越泄漏物。
  2. 禁止直接接触污染物。作业时所有设备应接地。
  3. 确保安全时，关阀、堵漏等以切断泄漏源。
  4. 小量泄漏：用砂土或其他不燃材料吸收。使用洁净的无火花工具收集吸收材料。
  5. 大量泄漏：构筑围堤或挖坑收容。用抗溶性泡沫覆盖，减少蒸发。喷水雾能减少蒸发，但不能降低泄漏物在受限制空间内的易燃性。用防爆、耐腐蚀泵转移至槽车或专用收集器内。喷雾状水驱散蒸气、稀释液体泄漏物。

甲基氯硅烷

一、基本信息

别名 / 商用名：氯甲基硅烷	
UN 号：2534	CAS 号：993-00-0
分子式：CH_5ClSi	分子量：80.6
熔点 / 凝固点：–134.1 ℃	沸点：9 ℃
闪点：13 ℃	
自燃温度：	爆炸极限：
GHS 危害标签：	GHS 危害分类： • 易燃气体：类别 1A • 皮肤腐蚀 / 刺激：类别 1A • 高压气体：压缩气体 • 严重眼损伤 / 眼刺激：类别 1
外观及性状：无色气体或液体，具有强烈的气味。不溶于水。	

二、现场快速检测方法

1. 便携式光离子化气体检测仪（PID 光离子化传感器）：0~10000 μL/L（检测范围）。
2. 便携式气相色谱仪。

三、危险性

• 危险性类别：2.1 类　易燃气体

• 燃烧及爆炸危险性
  1. 易燃，其蒸气与空气可形成爆炸性混合物。
  2. 遇明火、高热或与氧化剂接触，有引起燃烧爆炸的危险。
  3. 遇水或水蒸气反应放热并产生有毒的腐蚀性气体。

• 健康危害
  1. 遇潮气易水解并放出有毒和腐蚀性氯化氢气体。
  2. 对眼、皮肤和黏膜有刺激性，可致皮肤灼伤。

四、个人防护建议（NIOSH）

1. 皮肤：穿防静电工作服，戴橡胶手套。
2. 呼吸：佩戴过滤式全面罩防毒面具，或自给式呼吸器。
3. 其他：工作现场严禁吸烟。工作完毕，淋浴更衣。

五、应急处置

- 急救措施（NIOSH）
  1. 皮肤：脱去污染衣着，流动清水冲洗。就医。
  2. 眼睛：提起眼睑，流动清水或生理盐水彻底冲洗。就医。
  3. 吸入：脱离现场至空气新鲜处。保持呼吸道通畅。如呼吸困难，进行输氧；呼吸心跳停止，立即人工呼吸。就医。
  4. 误服：用水漱口，给饮牛奶或蛋清。就医。

- 灭火
  用干粉、二氧化碳灭火器或砂土。**禁用水柱和泡沫灭火器。**

- 疏散和隔离（ERG）
  1. 采取预防措施，大量泄漏时，考虑最初环境条件，下风向至少撤离 300 m，夜晚顺风的条件下撤离至少 1400 m。未经授权的人员禁止进入隔离区。
  2. 火场内如有储罐、槽车或罐车，四周隔离 1600 m；此外，考虑四周初始疏散距离 1600 m。

- 现场环境应急（泄漏处置）
  1. 消除所有点火源（吸烟、明火、火花或火焰）；使用防爆的通信工具；作业时所有设备应接地；禁止直接接触污染物。
  2. 确保安全时，关阀、堵漏等切断泄漏源；构筑围堤或挖沟收容泄漏物，防止进入水体、下水道、地下室或限制性空间；用抗溶性泡沫覆盖泄漏物，减少挥发；用雾状水稀释挥发蒸气，禁止用直流水冲击泄漏物；隔离区域，直到气体完全挥发。

- 危险废物处置
  处置前应参阅国家和地方有关法规。废气直接排入大气。

甲基三氯硅烷

一、基本信息

别名 / 商用名：甲基硅仿；三氯甲基硅烷；一甲基三氯硅烷；甲基三氯化硅	
UN 号：1250	CAS 号：75-79-6
分子式：CH_3Cl_3Si	分子量：149.46
熔点 / 凝固点：–90 ℃	沸点：66.5 ℃
闪点：–9 ℃	
自燃温度：>404 ℃	爆炸极限：7.6%~20.0%（体积比）
GHS 危害标签： 	GHS 危害分类： • 易燃液体：类别 2 • 皮肤腐蚀 / 刺激：类别 2 • 严重眼损伤 / 眼刺激：类别 2A • 特定目标器官毒性：类别 3 • 单次接触 / 呼吸道刺激：类别 3
外观及性状：无色液体，具有刺鼻恶臭，易潮解。	

二、现场快速检测方法

1. 便携式光离子化气体检测仪（PID 光离子化传感器）：0~10000 μL/L（检测范围）。
2. 便携式气相色谱仪。

三、危险性

• 危险性类别：3 类　易燃液体

• 燃烧及爆炸危险性
  高度易燃液体和蒸气造成皮肤、眼和呼吸道刺激。

• 健康危害
  1. 急性毒性：$LC_{50} = 2750$ mg/m³（4 h，大鼠吸入）。
  2. 呼吸道和眼结膜：有强烈刺激作用。接触者可有流泪、咳嗽、头痛、恶心、呕吐、喘息、易激动、皮肤发痒等症状。

3. 吸入：可因喉、支气管的痉挛、水肿，化学性肺炎、肺水肿而致死。

四、个人防护建议（NIOSH）

1. 呼吸（眼睛）：应佩戴自吸过滤式全面罩防毒面具。紧急事态抢救或撤离时，佩戴自给式呼吸器。
2. 身体：穿胶布防毒衣。
3. 手：戴橡胶手套。
4. 其他：工作现场严禁吸烟。工作毕，淋浴更衣。

- 灭火
  用二氧化碳、干粉灭火器或砂土。**禁止用水或泡沫灭火。**

五、应急处置

- 急救措施（NIOSH）
  1. 皮肤：用水充分清洗沾染皮肤。就医。
  2. 眼睛：用水小心冲洗。如戴隐形眼镜并可方便地取出，取出隐形眼镜。继续冲洗。就医。
  3. 吸入：将受害人转移到空气新鲜处，保持呼吸舒适的休息姿势。
  4. 衣服：脱掉沾染衣服，清洗后方可重新使用。

- 疏散和隔离（ERG）
  1. 当本品泄漏至水中，如小量泄漏，初始隔离距离 30 m 下风向防护距离：白天 100 m，晚上 200 m。如大量泄漏，初始隔离距离 60 m，下风向防护距离：白天 600 m，晚上 2000 m。
  2. 火场内如有储罐、槽车或罐车，四周隔离 800 m。考虑初始撤离 800 m。

- 现场环境应急（泄漏处置）
  1. 消除所有点火源，作业时所有设备应接地。
  2. 在保证安全情况下堵漏，并用泡沫覆盖抑制蒸汽产生。
  3. 对氯硅烷类使用 AFFF 抗醇泡沫。
  4. 禁止把水喷到泄漏物上或容器内。
  5. 防止泄漏物进入水体、下水道、地下室或密闭空间。

J

甲基叔丁基醚

一、基本信息

别名 / 商用名：叔丁基甲醚；二甲基 -2- 甲基丙烷；MTBE	
UN 号：2398	CAS 号：1634-04-4
分子式：$C_5H_{18}O$	分子量：88.2
熔点 / 凝固点：–109 ℃	沸点：53~56 ℃
闪点：–10 ℃	
自燃温度：	爆炸极限：1.6%~15.1%（体积比）
GHS 危害标签： 	GHS 危害分类： • 易燃液体：类别 2 • 皮肤腐蚀 / 刺激：类别 2
外观及性状：无色液体，有醚类气味。不溶于水。	

二、现场快速检测方法

1. 甲基叔丁基醚检测管（111U）：25~500 mg/L（检测范围）
2. 便携式甲基叔丁基醚气体检漏仪（SGA-600-$C_5H_{12}O$）：0~10 mg/L，0~50 mg/L，0~100 mg/L，0~500 mg/L，0~1000 mg/L，0~5000 mg/L（检测范围）。

三、危险性

• 危险性类别：3.1 类　低闪点易燃液体

• 燃烧及爆炸危险性
　1. 易燃。
　2. 其蒸气与空气可形成爆炸性混合物，遇明火、高热或与氧化剂接触，有引起燃烧爆炸的危险。

• 健康危害
　1. 急性毒性：LD_{50} = 4000 mg/kg（1 h，大鼠经口）；LC_{50} = 84.999 mg/L（大鼠吸入）。
　2. 对眼和呼吸道有轻度刺激性。
　3. 对中枢神经系统有抑制作用和麻醉作用。

J

四、个人防护建议（NIOSH）

1. **身体：穿防静电服。**
2. **眼睛：佩戴合适的眼部防护用品。**
3. **呼吸：佩戴正压自给式空气呼吸器。**
4. **衣物脱除：** 如果工作服被可燃性物质浸湿，应当立即脱除并妥善处置。
5. **设施配备：** 应配备快速冲淋洗浴设备或眼冲洗设备，以应急使用。

五、应急处置

- **急救措施**
  1. 皮肤：如果该化学物质直接接触皮肤，立即用肥皂和水冲洗污染的皮肤。
  2. 眼睛：提起眼睑，用流动水清洗。就医。
  3. 吸入：迅速脱离现场，至空气新鲜处，保持呼吸道流畅。如呼吸困难，进行输氧；呼吸心跳停止，立即进行心肺复苏术。就医。
  4. 误服：立即就医。

- **灭火**
  用抗溶性泡沫、干粉、二氧化碳灭火器或砂土。

- **疏散和隔离（ERG）**
  1. 泄漏隔离距离至少为 50 m。如果为大量泄漏，下风向的初始疏散距离应至少为 300 m。
  2. 火场内如有储罐、槽车或罐车，四周隔离 800 m。考虑初始撤离 800 m。

- **现场环境应急（泄漏处置）**
  1. 消除所有点火源（禁止吸烟，消除所有明火、火花或火焰）；作业时所有设备应接地；禁止接触或跨越泄漏物。
  2. 禁止直接接触污染物。作业时所有设备应接地。
  3. 确保安全时，关阀、堵漏等以切断泄漏源。
  4. 小量泄漏：用砂土或其他不燃材料吸收。使用洁净的无火花工具收集吸收材料。
  5. 大量泄漏：构筑围堤或挖坑收容，用泡沫覆盖，减少蒸发。喷水雾能减少蒸发，但不能降低泄漏物在受限制空间内的易燃性。用防爆泵转移至槽车或专用收集器内。

J

甲醚

一、基本信息

别名 / 商用名：二甲醚	
UN 号：1033	CAS 号：115-10-6
分子式：C_2H_6O	分子量：46.07
熔点 / 凝固点：−141.5 ℃	沸点：−23.7 ℃
闪点：	
自燃温度：	爆炸极限：3.4%~27.0%（体积比）
GHS 危害标签：	GHS 危害分类： • 易燃气体：类别 1 • 高压气体：压缩气体
外观及性状：无色气体，有醚类特有气味。溶于水、醇、乙醚。	

二、现场快速检测方法

1. 便携式快速二甲醚检测仪（GC2020）：0~100 μL/L（检测范围）；0.5 μL/L（检测限）。
2. 流通式甲醚测量仪（MIC-500-C_2H_6O）：0~100 μL/L，0~200 μL/L，（检测范围）；1 μL/L（检测限）。

三、危险性

• 危险性类别：2.1 类　易燃气体

• 燃烧及爆炸危险性
  1. 极易燃，与空气混合能形成爆炸性混合物，接触热、火星、火焰或氧化剂易燃烧爆炸。
  2. 接触空气或在光照条件下可生产具有潜在爆炸危险性的过氧化物。
  3. 气体比空气重，沿地面扩散易积存于低洼处，遇火源会着火回燃。

- 健康危害
  1. 急性毒性：LC_{50} = 308 g/m³（大鼠吸入）。
  2. 对中枢神经系统有抑制作用，麻醉作用弱。
  3. 吸入后可引起麻醉、窒息感。
  4. 对皮肤有刺激性。

四、个人防护建议（NIOSH）

1. 皮肤：穿防静电服。
2. 眼睛：佩戴合适的眼部防护用品。
3. 呼吸：戴正压自给式空气呼吸器。
4. 设施配备：应配备快速冲淋洗浴设备或眼冲洗设备，以应急使用。

五、应急处置

- 急救措施
  1. 皮肤：如发生冻伤，将患部浸泡于保持 38~45 ℃的温水中复温，就医。
  2. 眼睛：提起眼睑，用流动水清洗。就医。
  3. 吸入：迅速脱离现场，至空气新鲜处，保持呼吸道流畅。如呼吸困难，给输氧；呼吸心跳停止，立即进行心肺复苏术。就医。
  4. 误服：立即就医。

- 灭火
  用雾状水、抗溶性泡沫、干粉、二氧化碳灭火器或砂土。

- 疏散和隔离（ERG）
  1. 泄漏隔离距离周围至少为 100 m。如果为大量泄漏，下风向的初始疏散距离应至少为 800 m。
  2. 火场内如有储罐、槽车或罐车，四周隔离 800 m。考虑初始撤离 800 m。

- 现场环境应急（泄漏处置）
  1. 消除所有点火源（禁止吸烟，消除所有明火、火花或火焰）。禁止接触或跨越泄漏物。
  2. 使用防爆的通信工具。
  3. 禁止直接接触污染物。作业时所有设备应接地。
  4. 确保安全时，关阀、堵漏等以切断泄漏源。

甲酸

一、基本信息

别名/商用名：蚁酸；无水甲酸；天然甲酸	
UN 号：1175	CAS 号：64-18-6
分子式：CH_2O_2	分子量：46.03
熔点/凝固点：8.2 ℃	沸点：100.8 ℃
闪点：68.9 ℃	
自燃温度：410 ℃	爆炸极限：18.0%~57.0%（体积比）
GHS 危害标签：	GHS 危害分类： • 皮肤腐蚀/刺激：类别 1A • 严重眼损伤/眼刺激：类别 1
外观及性状：无色透明发烟液体，有强烈刺激性酸味。与水混溶，不溶于烃类，可混溶于醇。	

二、现场快速检测方法

1. 检气管（216S）：1~50 mg/L（检测范围）。
2. 甲酸固定式气体检测仪（IDG100）：0~100 mg/L（检测范围）；0.1 mg/L（检测限）。

三、危险性

• 危险性类别：8.1 类　酸性腐蚀性物质

• 燃烧及爆炸危险性
可燃、蒸气与空气可形成爆炸性混合物，遇明火、高热可引起燃烧或爆炸。

• 健康危害
1. 急性毒性：$LC_{50}=1100$ mg/kg（小鼠吸入），15000 mg/m³（15 min，大鼠吸入）。
2. 吸入：蒸气可引起结膜炎、鼻炎、支气管炎、肺炎。
3. 口服：浓甲酸可腐蚀口腔和消化道，甚至因急性肾功能衰竭或呼吸功能衰竭而致死。

J

4. 皮肤接触：轻者表现为接触部位皮肤发红，重者可致皮肤灼伤。

四、个人防护建议（NIOSH）

1. 皮肤：穿橡胶耐酸碱服，戴橡胶耐酸碱手套。
2. 呼吸：接触蒸气，佩戴自吸过滤式全面罩防毒面具，或自吸式长管面具。紧急事态抢救或撤离，佩戴空气呼吸器。
3. 其他：工作现场禁止吸烟、进食和饮水。工作完毕，淋浴更衣。被毒物污染衣服单独存放、清洗。须定期体检。

五、应急处置

- 急救措施（NIOSH）
  1. 皮肤：脱去污染衣着，流动清水冲洗。就医。
  2. 眼睛：提起眼睑，流动水清洗或生理盐水冲洗。就医。
  3. 吸入：脱离现场，至空气新鲜处，保持呼吸道流畅。如有呼吸困难，进行输氧；呼吸心跳停止，立即进行心肺复苏术。就医。
  4. 误服：用水漱口，给饮牛奶或蛋清。就医。

- 灭火
  用干粉、二氧化碳灭火器、雾状水或抗溶性泡沫灭火器。
  尽可能远距离灭火或使用遥控水枪或水炮扑救。
  用大量水冷却容器，直至火灾扑灭。

- 疏散和隔离（ERG）
  1. 泄漏：污染范围不明时，初始隔离至少 100 m，下风向疏散至少 500 m。进行气体浓度检测后，根据实际浓度，调整隔离、疏散距离。
  2. 火灾：火场内如原油储罐、槽车或罐车，四周隔离 800 m。考虑撤离隔离区的人员、物资。疏散无关人员并划定警戒区。在上风处停留，切勿进入低洼处。加强现场通风。

- 现场环境应急（泄漏处置）
  1. 消除所有点火源（吸烟、明火、火花或火焰）。确保安全时，关阀、堵漏等以切断泄漏源。
  2. 未穿全身防护服，禁止接触泄漏及毁损容器或泄漏物。
  3. 小量泄漏：用砂土或者其他不燃材料吸附或吸收。也可将地面洒上苏打灰，然后用大量水冲洗，洗水稀释后放入废水系统。
  4. 大量泄漏：构筑围堤或挖坑收容。用泡沫覆盖，降低蒸气灾害。喷雾状水冷却、稀释蒸气。用泵转移至槽车或专用收集器内。回收或运至废物处理场所。

- 危险废物处置
  用焚烧法。

J

甲烷

一、基本信息

别名 / 商用名：天然气	
UN 号：1971	CAS 号：74-82-8
分子式：CH_4	分子量：16.04
熔点 / 凝固点：-182.5 ℃	沸点：-161.5 ℃
闪点：-188 ℃	
自燃温度：538 ℃	爆炸极限：5.3%~15%（体积比）
GHS 危害标签： 	GHS 危害分类： • 易燃气体：类别 1 • 高压气体：压缩气体
外观及性状：无色、无臭气体。微溶于水，溶于醇、乙醚等有机溶剂。	

二、现场快速检测方法

泵吸式甲烷检测仪（SKY2000-CH4）：0~5000 μL/L，0~10000 μL/L（检测范围）。

三、危险性

• 危险性类别：2.1 类　易燃气体

• 燃烧及爆炸危险性
极易燃，与空气混合能形成爆炸性混合物，遇热源和明火有燃烧爆炸危险。

• 健康危害
1. 急性毒性：LC_{50} = 50 pph（2 h，小鼠吸入）。
2. 皮肤接触液化本品，可致冻伤。
3. 单纯性窒息剂。

四、个人防护建议（NIOSH）

1. 皮肤：穿防静电服。
2. 眼睛：佩戴合适的眼部防护用品。
3. 呼吸：戴自给式空气呼吸器。
4. 设施配备：应配备快速冲淋洗浴设备或眼冲洗设备，以应急使用。

五、应急处置

- 急救措施
  1. 皮肤：如发生冻伤，将患部浸泡于保持在 38~42 ℃ 的温水中复温。不要涂擦。就医。
  2. 吸入：迅速脱离现场，至空气新鲜处，保持呼吸道流畅。如有呼吸困难，进行输氧；呼吸心跳停止，立即进行心肺复苏术。就医。
  3. 误服：立即就医。

- 灭火
  用雾状水、泡沫、二氧化碳灭火器或干粉。

- 疏散和隔离（ERG）
  1. 泄漏隔离距离至少为 100 m。如果为大量泄漏，下风向的初始疏散距离应至少为 800 m。
  2. 火场内如有原油储罐、槽车或罐车，四周隔离 1600 m。考虑撤离隔离区的人员、物资。

- 现场环境应急（泄漏处置）
  1. 消除所有点火源（禁止吸烟，消除所有明火、火花或火焰）；作业时所有设备应接地；禁止接触或跨越泄漏物。
  2. 禁止直接接触污染物。作业时所有设备应接地。
  3. 确保安全时，关阀、堵漏等以切断泄漏源。

J

间苯二胺

一、基本信息

别名 / 商用名: 1,3- 二氨基苯; 1,3- 苯二胺; mPDA	
UN 号: 1673	CAS 号: 203-584-7
分子式: $C_6H_8N_2$	分子量: 108.14
熔点 / 凝固点: 63 ℃	沸点: 282~284 ℃
闪点: 187 ℃ (闭杯)	
自燃温度: 560 ℃	爆炸极限:
GHS 危害标签:	GHS 危害分类: • 急毒性 - 口服、皮肤、吸入: 类别 3 • 严重眼损伤 / 眼刺激: 类别 2A • 皮肤敏化作用: 类别 1 • 生殖细胞致突变性: 类别 2 • 危害水生环境 - 急 (慢) 性毒性: 类别 1
外观及性状: 无色针状结晶。溶于水、乙醇、乙醚。	

二、现场快速检测方法

1. 便携式气相色谱 - 质谱联用仪: 0.5~25 mg/L (检测范围); 0.2 mg/L (检测限)。
2. 便携式液相色谱仪: 1.2 mg/L (检测限)。

三、危险性

• 危险性类别: 6.1 类 毒性物质

• 燃烧及爆炸危险性
   可燃，有毒。遇明火、高热可燃。受热分解放出有毒的氧化氮烟气。

• 健康危害
   1. 急性毒性: $LD_{50} = 650$ mg/kg (大鼠经口)。

2. 挥发性很小，不易吸入中毒。
3. 口服则毒作用剧烈，与苯胺同，引起高铁血红蛋白血症，使组织缺氧，出现紫绀。

四、个人防护建议（NIOSH）

1. 皮肤：穿防毒物渗透工作服，戴橡胶手套。
2. 眼睛：戴安全防护眼镜。
3. 呼吸：粉尘超标，佩戴自吸过滤式防尘口罩。紧急事态抢救或撤离时，应佩戴自给式呼吸器。
4. 其他：工作现场禁止吸烟、进食和饮水。及时换洗工作服。工作前后不饮酒，用温水洗澡。实行就业前和定期的体检。

五、应急处置

- 急救措施（NIOSH）
  1. 皮肤：脱去污染衣着，用肥皂水和清水冲洗皮肤。就医。
  2. 眼睛：提起眼睑，用流动清水或生理盐水冲洗。就医。
  3. 吸入：脱离现场至空气新鲜处，保持呼吸道通畅。如呼吸困难，给输氧；呼吸心跳停止，立即进行人工呼吸。就医。
  4. 误服：饮足量温水，催吐。就医。

- 灭火
  用雾状水、二氧化碳灭火器或砂土。

- 疏散和隔离（ERG）
  1. 立即在所有方向上隔离泄漏区至少 25 m。
  2. 如火场有装运的桶罐、罐车发生火灾，在四周隔离 800 m；同时考虑四周初始疏散距离 800 m。

- 现场环境应急（泄漏处置）
  1. 撤离泄漏污染区人员至安全区；隔离泄漏污染区，严格限制出入。切断火源。
  2. 应急处理人员戴全面罩防尘面具，穿防毒工作服。不要直接接触泄漏物。
  3. 小量泄漏：用洁净的铲子收集于干燥、洁净、有盖的容器中。
  4. 大量泄漏：收集回收或运至废物处理场所。

- 危险废物处置
  用焚烧法。焚烧炉排出的氮氧化物通过洗涤器除去。

金属钙

一、基本信息

别名/商用名：钙粉；钙锭	
UN 号：1401	CAS 号：7440-70-2
分子式：Ca	分子量：40.08
熔点/凝固点：842 ℃	沸点：1484 ℃
闪点：	
自燃温度：	爆炸极限：
GHS 危害标签： 	GHS 危害分类： • 自热物质和混合物：类别 2 • 遇水放出易燃气体的物质和混合物：类别 2
外观及性状：银白色至灰白色粉末。不溶于苯，微溶于醇，溶于酸、液氨。	

二、现场快速检测方法

1. 便携式 X 射线荧光光谱仪（孚光精仪）：1 mg/L（检测限）。
2. 便携式原子吸收光谱仪。

三、危险性

• 危险性类别：4.3 类　遇湿易燃物品

• 燃烧及爆炸危险性
  1. 自燃：室温下，微细粉末遇潮湿空气自燃。遇高热或强氧化剂，有发生燃烧爆炸的危险。
  2. 刺激性：燃烧时放出有毒的刺激性烟雾。
  3. 遇水或酸发生反应放出氢气及热量，能引起燃烧。粉尘与湿气接触能灼伤眼睛和皮肤。

- 健康危害
  1. 吸入：粉尘刺激呼吸道和肺，引起咳嗽、呼吸困难。
  2. 眼：有刺激，甚至引起灼伤，造成永久性损害。
  3. 皮肤：可致灼伤。

四、个人防护建议（NIOSH）

  1. 皮肤：穿胶布防毒衣，戴橡胶手套。
  2. 呼吸：接触粉尘，佩戴头罩型电动送风过滤式防尘呼吸器。
  3. 其他：工作现场禁止吸烟、进食和饮水。工作完毕，淋浴更衣。被毒物污染的衣服单独存放和清洗。定期体检。

五、应急处置

- 急救措施（NIOSH）
  1. 皮肤：脱去污染衣着，流动清水冲洗。就医。
  2. 眼睛：提起眼睑，流动清水或生理盐水彻底冲洗。就医。
  3. 吸入：脱离现场至空气新鲜处，保持呼吸道通畅。如呼吸困难，给输氧；呼吸心跳停止，立即进行人工呼吸。就医。
  4. 误服：用水漱口，给饮牛奶或蛋清。就医。

- 灭火
  干燥石墨粉、苏打灰或氯化钠粉末。
  严禁用水、卤代烃灭火剂施救，也不宜用二氧化碳灭火。

- 疏散和隔离（ERG）
  1. 立即在所有方向上隔离泄漏区至少 25 m。
  2. 如火场有装运的桶罐、罐车发生火灾，在四周隔离 800 m；同时考虑四周初始疏散距离 800 m。

- 现场环境应急（泄漏处置）
  1. 撤离泄漏污染区人员至安全区；隔离污染区，严格限制出入。切断火源。
  2. 应急处理人员戴自给正压式呼吸器，穿防毒服。不要直接接触泄漏物。
  3. 小量泄漏：避免扬尘，小心扫起。
  4. 大量泄漏：用水润湿，然后收集回收或运至废物处理场所。

J

金属镁

一、基本信息

别名 / 商用名：镁粉；镁屑；镁带；镁颗粒	
UN 号：1418	CAS 号：7439-95-4
分子式：Mg	分子量：24.31
熔点 / 凝固点：651 ℃	沸点：1107 ℃
闪点：	
自燃温度：550 ℃	爆炸极限：44~59 mg/m³（下限）
GHS 危害标签：	GHS 危害分类： • 易燃固体：类别 2 • 自热物质和混合物：类别 1 • 遇水放出易燃气体的物质和混合物：类别 2
外观及性状：银白色有金属光泽的粉末，不溶于水、碱液，溶于酸。	

二、现场快速检测方法

1. 便携式 X 射线荧光光谱仪（孚光精仪）：1 mg/kg（检测限）。
2. 便携式原子吸收光谱仪。

三、危险性

• 危险性类别：4 类　易燃固体

遇湿易燃，具刺激性。

• 燃烧及爆炸危险性
1. 易燃，燃烧时产生强烈的白光并放出高热。
2. 遇水或潮气猛烈反应放出氢气，大量放热，引起燃烧或爆炸。
3. 遇氯、溴、碘、硫、磷、砷和氧化剂剧烈反应，有燃烧、爆炸危险。
4. 粉体与空气可形成爆炸性混合物，当达到一定浓度时，遇火星会发生爆炸。

1. 皮肤：穿防静电工作服。
2. 眼睛：戴化学安全防护眼镜。
3. 工作完毕，淋浴更衣。衣物脱除后，清洗干净。

- 急救措施（NIOSH）
  1. 皮肤：脱去污染的衣着，流动清水冲洗。
  2. 眼睛：提起眼睑，流动清水或生理盐水冲洗。就医。
  3. 呼吸：脱离现场至空气新鲜处。保持呼吸道通畅。如呼吸困难，给输氧；呼吸心跳停止，立即进行人工呼吸。就医。
  4. 消化系统：饮足量温水，催吐，就医。

- 灭火
  应用干燥石墨粉和干砂闷熄火苗，隔绝空气。
  严禁用水、泡沫、二氧化碳扑救。

- 疏散和隔离（ERG）
  1. 采取预防措施，大量泄漏时，考虑最初环境条件，下风向至少撤离 25 m。未经授权的人员禁止进入隔离区。
  2. 火场内如果有储罐、槽车或罐车，四周隔离 800 m；此外，考虑四周初始疏散距离 800 m。

- 现场环境应急（泄漏处置）
  1. 隔离泄漏污染区，限制出入。切断火源。
  2. 应急处理人员戴自给正压式呼吸器，穿防静电工作服。不要直接接触泄漏物。
  3. 小量泄漏：避免扬尘，用洁净的铲子收集于干燥、洁净、有盖的容器中。转移回收。
  4. 大量泄漏：用塑料布、帆布覆盖。在专家指导下清除。

- 危险废物处置
  处置前应参阅国家和地方有关法规。若可能，回收使用。

J

金属钠

一、基本信息

别名/商用名：钠锭；钠	
UN 号：1428	CAS 号：7440-23-5
分子式：Na	分子量：22.99
熔点/凝固点：97.8 ℃	沸点：892 ℃
闪点：	
自燃温度：>115 ℃	爆炸极限：
GHS 危害标签：	GHS 危害分类： • 遇水放出易燃气体的物质和混合物：类别 1 • 皮肤腐蚀/刺激：类别 1B • 严重眼损伤/眼刺激：类别 1
外观及性状：银白色柔软的轻金属，常温下质软如蜡。不溶于煤油。	

二、现场快速检测方法

1. 便携式 X 射线荧光光谱仪：1 mg/kg（检测限）。
2. 便携式原子吸收光谱仪。
3. 离子选择性电极（水体）：0.001~1 μmol/L（检测范围）。

三、危险性

• 危险性类别：4.3 类　遇湿易燃物

• 燃烧及爆炸危险性
  1. 强腐蚀性、强刺激性，可致人体灼伤。
  2. 化学反应活性高，在氧、氯、氟、溴蒸气中会燃烧。
  3. 遇湿易燃：遇水或潮气猛烈反应放出氢气，大量放热，引起燃烧或爆炸。
  4. 金属钠暴露在空气或氧气中能自行燃烧并爆炸使熔融物飞溅。
  5. 与卤素、磷、许多氧化物、氧化剂和酸类剧烈反应。燃烧时呈黄色火焰。100 ℃时开始蒸发，蒸气可侵蚀玻璃。

J

- 健康危害
  1. 急性毒性：$LD_{50} = 4000$ mg/kg（小鼠腹腔）。
  2. 在空气中能自燃，燃烧产生的烟（主要含氧化钠）对鼻、喉及上呼吸道有腐蚀作用及极强的刺激作用。同潮湿皮肤或衣服接触可燃烧，造成烧伤。

四、个人防护建议（NIOSH）

1. 皮肤：穿化学防护服，戴橡胶手套。
2. 眼睛：戴安全防护面罩。
3. 其他：工作现场严禁吸烟。

五、应急处置

- 急救措施（NIOSH）
  1. 皮肤：流动清水冲洗。就医。
  2. 眼睛：提起眼睑，流动清水或生理盐水彻底冲洗。就医。
  3. 吸入：脱离现场至空气新鲜处。保持呼吸道通畅。如呼吸困难，进行输氧；呼吸心跳停止，立即进行人工呼吸。就医。
  4. 误服：用水漱口，给饮牛奶或蛋清。就医。

- 灭火
  而应使用干燥氯化钠粉末、干燥石墨粉、碳酸钠干粉、碳酸钙干粉、干砂等。
  禁用水、卤代烃（如1211灭火剂）、碳酸氢钠、碳酸氢钾灭火。

- 疏散和隔离（ERG）
  1. 采取预防措施，大量泄漏时，考虑最初环境条件，下风向至少撤离25 m。未经授权的人员禁止进入隔离区。
  2. 火场内如有储罐、槽车或罐车，四周隔离800 m；此外，考虑四周初始疏散距离800 m。

- 现场环境应急（泄漏处置）
  1. 消除所有点火源（吸烟、明火、火花或火焰）。禁止直接接触污染物。在确保安全的情况下，采用关阀、堵漏等措施，以切断泄漏源。用雾状水稀释挥发蒸气。
  2. 小量泄漏：收入金属容器并保存在煤油或液体石蜡中。
  3. 大量泄漏：用塑料布、帆布覆盖。在专家指导下清除。

J

金属锶

一、基本信息

别名 / 商用名：锶颗粒；锶	
UN 号：1383	CAS 号：7440-24-6
分子式：Sr	分子量：87.63
熔点 / 凝固点：769 ℃	沸点：1384 ℃
闪点：	
自燃温度：	爆炸极限：
GHS 危害标签：	GHS 危害分类： • 发火固体：类别 1
外观及性状：银白色至淡黄色软金属。溶于液氮、乙醇。	

二、现场快速检测方法

1. 便携式 X 射线荧光光谱仪：1 mg/kg（检测限）。
2. 便携式原子吸收光谱仪。

三、危险性

• 危险性类别：4.3 类　遇湿易燃物品

• 燃烧及爆炸危险性
   1. 化学反应活性较高，当加热到熔点以上能自燃。微细粉末遇明火极易燃烧爆炸。
   2. 遇湿易燃：遇水或酸发生反应放出氢气及热量，能引起燃烧。
   3. 与卤素、硫、磷等发生剧烈的化学反应，引起燃烧。燃烧时发出深红色火焰。

• 健康危害
迄今尚无职业中毒的报道。
动物实验：急性锶中毒的症状是共济失调，肌肉异常软弱无力，甚至转为肌肉抽搐以致死亡。死因主要是呼吸衰竭。

1. 皮肤：穿化学防护服，戴橡胶手套。
2. 眼睛：戴化学安全防护眼镜。
3. 呼吸：特殊情况下，佩戴自吸过滤式防尘口罩。
4. 其他：工作现场严禁吸烟。

五、应急处置

- 急救措施（NIOSH）
  1. 皮肤：脱去污染衣着，用肥皂水和清水彻底冲洗皮肤。
  2. 眼睛：提起眼睑，清水或生理盐水冲洗。就医。
  3. 吸入：脱离现场至空气新鲜处。保持呼吸道通畅。如呼吸困难，进行输氧；呼吸心跳停止，立即进行人工呼吸。就医。
  4. 误服：饮足量温水，催吐。就医。

- 灭火
  用干燥石墨粉或其他干粉灭火。
  禁用水、泡沫、二氧化碳、卤代烃（如 1211 灭火剂）等灭火。

- 疏散和隔离（ERG）
  1. 采取预防措施，大量泄漏时，考虑最初环境条件，下风向至少撤离 300 m。未经授权的人员禁止进入隔离区。
  2. 火场内如有储罐、槽车或罐车，四周隔离 800 m；此外，考虑四周初始疏散距离 800 m。

- 现场环境应急（泄漏处置）
  1. 隔离泄漏污染区，限制出入；消除所有点火源。
  2. 应急处理人员戴防尘口罩，穿防静电服；禁止接触或跨越泄漏物；尽可能切断泄漏源；严禁用水处理。
  3. 小量泄漏：用干燥的砂土或其他不燃材料覆盖泄漏物，然后用塑料布覆盖，减少飞散、避免雨淋。
  4. 粉末泄漏：用塑料布或帆布覆盖泄漏物，减少飞散，保持干燥；在专家指导下清除。

- 危险废物处置
  处置前应参阅国家和地方有关法规。若可能，回收使用。

金属铁

一、基本信息

别名/商用名：还原铁；铁粉；铁精粉；还原铁粉状；铁颗粒；海绵状铁

UN 号：	CAS 号：7439-89-6
分子式：Fe	分子量：55.84
熔点/凝固点：1535 ℃	沸点：3000 ℃
闪点：	
自燃温度：	爆炸极限：
GHS 危害标签： 无	GHS 危害分类： 无
外观及性状：银灰色金属或灰色粉末，具延展性。	

二、现场快速检测方法

1. 便携式 X 射线荧光光谱仪（荧光精仪）：1 mg/kg（检测限）。
2. 便携式原子吸收光谱仪。

三、危险性

- 危险性类别：无

- 燃烧及爆炸危险性
  不燃，可致人体灼伤。

- 健康危害
  1. 吸入：铁粉或氧化铁烟粉尘刺激呼吸道，引起咽喉发炎、咳嗽、呼吸短促、乏力、疲劳、寒战、出汗、肌肉和关节疼痛。过量会导致肺、脾、淋巴系统产生铁沉积。
  2. 皮肤：接触热金属会灼伤。
  3. 眼睛：接触粉尘可导致发炎和灼伤。
  4. 误服：可导致昏睡、呆滞、心跳和呼吸加速、休克、吐血、腹泻。

J

1. 皮肤：穿戴防护用具（如护目镜、皮革防护手套、焊工防护面具、钢头鞋）。
2. 呼吸：选用适当的呼吸器。

- 急救措施（NIOSH）
  1. 皮肤：接触热金属，冷水冲洗；若严重灼伤，就医。
  2. 眼睛：冲洗；就医。
  3. 吸入：将患者移至新鲜空气处，施行呼吸复苏术。就医。
  4. 误服：让患者吃鸡蛋或饮牛奶，就医；食入 1 h 内必须洗胃。
  5. 其他：去铁铵有助于降低全身铁含量。

- 灭火
  不燃。

- 疏散和隔离（ERG）

  如火场有装运的桶罐、罐车，在四周隔离 800 m；同时考虑四周初始撤离距离 800 m。

- 现场环境应急（泄漏处置）
  迅速撤离泄漏污染区人员至安全区，隔离污染区，严格限制出入。不要直接接触泄漏物。

J

喹啉

一、基本信息

别名 / 商用名：苯并吡啶；氮杂萘；氮萘；苯骈吡啶	
UN 号：2656	CAS 号：91-22-5
分子式：C_9H_7N	分子量：129.16
熔点 / 凝固点：−14.5 ℃	沸点：237.7 ℃
闪点：99 ℃	
自燃温度：480 ℃	爆炸极限：1% 爆炸下限（体积比）
GHS 危害标签：	GHS 危害分类： • 生殖细胞致突变性：类别 2 • 急毒性 - 皮肤：类别 3 • 严重眼损伤 / 眼刺激：类别 2A • 皮肤腐蚀 / 刺激：类别 2 • 危害水生环境 - 急性毒性：类别 2 • 危害水生环境 - 慢性毒性：类别 2
外观及性状：无色液体，日久变黄，有特殊气味。溶于水、醇、醚、二硫化碳等多数有机溶剂。	

二、现场快速检测方法

便携式气相色谱仪：10 mg/L（检测限）。

三、危险性

• 危险性类别：6.1 类　毒害性物质

• 燃烧及爆炸危险性
  1. 可燃：遇明火、高热可燃。
  2. 有毒：受热分解放出有毒的氧化氮烟气。
  3. 刺激性：与强氧化剂接触可发生化学反应。

• 健康危害
  1. 急性毒性：LD_{50} = 460 mg/kg（大鼠经口）；LD_{50} = 540 mg/kg（兔经皮）。
  2. 吸入：可引起头痛、头晕、恶心。

K

3. 眼睛、皮肤：有刺激性。
4. 口服：刺激口腔和胃。

四、个人防护建议（NIOSH）

1. 皮肤：穿防毒物渗透工作服，戴橡胶耐油手套。
2. 眼睛：戴化学安全防护眼镜。
3. 呼吸：浓度超标，应佩戴过滤式半面罩防毒面具。紧急事态抢救或撤离时，佩戴空气呼吸器。
4. 其他：工作现场禁止吸烟、进食和饮水。工作完毕，彻底清洗。工作服不准带至非作业场所。被毒物污染的衣服单独存放和清洗。

五、应急处置

- 急救措施（NIOSH）
  1. 皮肤：脱去污染衣着，用肥皂水和清水彻底冲洗皮肤。
  2. 眼睛：提起眼睑，清水或生理盐水冲洗。就医。
  3. 吸入：脱离现场至空气新鲜处。保持呼吸道通畅。如呼吸困难，进行输氧；呼吸心跳停止，立即进行人工呼吸。就医。
  4. 误服：饮足量温水，催吐。就医。

- 灭火
  用雾状水、泡沫、干粉、二氧化碳灭火器或砂土。

- 疏散和隔离（ERG）
  1. 采取预防措施，大量泄漏时，考虑最初环境条件，下风向至少撤离 50 m。未经授权的人员禁止进入隔离区。
  2. 火场内如有储罐、槽车或罐车，四周隔离 800 m；此外，考虑四周初始疏散距离 800 m。

- 现场环境应急（泄漏处置）
  1. 消除所有点火源（吸烟、明火、火花或火焰）。使用防爆的通信工具。确保安全时关阀、堵漏等以切断泄漏源。构筑围堤或挖沟收容泄漏物，防止进入水体、下水道、地下室或限制性空间。用砂土或其他不燃材料吸收泄漏物。
  2. 小量泄漏：用砂土或其他不燃材料吸附或吸收。也可以用大量水冲洗，洗水稀释后放入废水系统。
  3. 大量泄漏：构筑围堤或挖坑收容。用泡沫覆盖，降低蒸气灾害。用泵转移至槽车或专用收集器内，回收或运至废物处理场所。

- 危险废物处置
  用焚烧法。焚烧炉排出的氮氧化物通过洗涤器除去。

K

磷化氢

一、基本信息

别名 / 商用名：三氢化磷	
UN 号：2199	CAS 号：7803-51-2
分子式：PH_3	分子量：34.04
熔点 / 凝固点：–132.5 ℃	沸点：–87.5 ℃
闪点：–88 ℃	
自燃温度：100 ℃	爆炸极限：

GHS 危害标签：	GHS 危害分类：
	• 易燃气体：类别 1A • 高压气体：压缩气体 • 皮肤损伤 / 眼刺激：类别 1B • 严重眼损伤 / 眼刺激：类别 1 • 急毒性 - 吸入：类别 2 • 危害水生环境 - 急性毒性： 类别 1

外观及性状：无色，有类似大蒜气味的气体。不溶于热水，微溶于冷水，溶于乙醇、乙醚。

二、现场快速检测方法

1. 磷化氢检测管（121SC）：20~700 μL/L（检测范围）。
2. 磷化氢检测管（121SD）：1~20 μL/L（检测范围）。
3. 便携手持式磷化氢检测仪：0~1 μL/L，0~10 μL/L，0~100 μL/L（检测范围）。

三、危险性

• 危险性类别：2.3 类　有毒气体

• 燃烧及爆炸危险性
　暴露在空气中能自燃。

• 健康危害
　1. 急性毒性：LC_{50} = 15.3 mg/m^3（4 h，大鼠吸入）。

L

2. 主要损害神经系统、呼吸系统、心脏、肾脏及肝脏。
3. 重度中毒则出现迷、抽搐、肺水肿及明显的心肌、肝脏及肾脏损害。

四、个人防护建议（NIOSH）

1. 皮肤：穿内置正压自给式空气呼吸器的全封闭防化服。
2. 眼睛：佩戴合适的眼部防护用品。
3. 呼吸：戴正压自给式空气呼吸器。
4. 设施配备：应配备快速冲淋洗浴设备或眼冲洗设备，以应急使用。

五、应急处置

- 急救措施
  1. 皮肤：如发生冻伤，要立即就医。不要揉擦或用水冲洗冻伤部位。
  2. 眼睛：如眼组织冻伤，要立即就医。如未发生冻伤，用大量水彻底冲洗至少 15 min。
  3. 吸入：迅速脱离现场，至空气新鲜处，保持呼吸道流畅。如有呼吸困难，进行输氧；呼吸心跳停止，立即进行心肺复苏术。就医。
  4. 误服：立即就医。

- 灭火
  用雾状水、泡沫、干粉或二氧化碳灭火器。

- 疏散和隔离（ERG）
  1. 小量泄漏，初始隔离 100 m，下风向疏散白天 600 m、夜晚 2500 m；大量泄漏，初始隔离 800 m，下风向疏散白天 4400 m、夜晚 8900 m。
  2. 火场内如有原油储罐、槽车或罐车，四周隔离 1600 m。考虑撤离隔离区的人员、物资；疏散无关人员并划定警戒区；在上风处停留，切勿进入低洼处；进入密闭空间之前必须先通风。

- 现场环境应急（泄漏处置）
  1. 消除所有点火源（禁止吸烟，消除所有明火、火花或火焰）。禁止接触或跨越泄漏物。
  2. 使用防爆的通信工具。
  3. 禁止直接接触污染物。作业时所有设备应接地。
  4. 确保安全时，关阀、堵漏等以切断泄漏源。

L

硫化氢

一、基本信息

别名 / 商用名：氢硫酸	
UN 号：1053	CAS 号：7783-06-4
分子式：H₂S	分子量：34.08
熔点 / 凝固点：–85.5 ℃	沸点：–60.4 ℃
闪点：–60 ℃	
自燃温度：260 ℃	爆炸极限：4.0%~46.0%（体积比）
GHS 危害标签：	GHS 危害分类：
	• 易燃气体：类别 1A
	• 高压气体：压缩气体
	• 急毒性 - 吸入：类别 2
	• 危害水生环境 - 急性毒性：类别 1
外观及性状：无色气体，恶臭。溶于水、乙醇。	

二、现场快速检测方法

泵吸式硫化氢检测仪（GT-903-H₂S）：0~10 μL/L，0~50 μL/L，0~100 μL/L，0~200 μL/L，0~1000 μL/L，0~2000 μL/L，0~5000 μL/L（检测范围）。

三、危险性

• 危险性类别：2.1 类　易燃气体

• 燃烧及爆炸危险性
  1. 极易燃气体。与空气混合能形成爆炸性混合物，遇明火、高热能引起燃烧至爆炸。
  2. 与浓硝酸、发烟硫酸或其他强氧化剂剧烈反应，发生爆炸。
  3. 气体比空气重，能在较低处扩散到相当远的地方，遇明火会引起燃烧。

- 健康危害
  1. 急性毒性：$LC_{50} = 618$ mg/m^3（大鼠吸入）。
  2. 本品是强烈的神经毒物，对黏膜有强烈刺激作用。
  3. 高浓度接触眼结膜发生水肿和角膜溃疡。

四、个人防护建议（NIOSH）

1. 皮肤：穿防静电工作服。
2. 眼睛：高浓度接触时戴化学安全防护眼镜。
3. 呼吸：戴防毒面具。
4. 设施配备：应配备快速冲淋洗浴设备或眼冲洗设备，以应急使用。

五、应急处置

- 急救措施
  1. 皮肤：如果发生冻伤，要立即就医。如未发生冻伤，立即用肥皂和水清洗。
  2. 眼睛：如果发生冻伤，要立即就医。如未发生冻伤，立即用水清洗。
  3. 吸入：迅速脱离现场，至空气新鲜处，保持呼吸道流畅。如有呼吸困难，进行输氧；呼吸心跳停止，立即进行心肺复苏术。就医。
  4. 误服：立即就医。

- 灭火
  用雾状水、泡沫、二氧化碳或干粉灭火器。

- 疏散和隔离（ERG）
  1. 小量泄漏，初始隔离 30 m，下风向疏散白天 100 m、夜晚 100 m；大量泄漏，初始隔离 600 m，下风向疏散白天 3500 m、夜晚 8000 m。
  2. 火场内如有原油储罐、槽车或罐车，四周隔离 1000 m。考虑撤离隔离区的人员、物资。

- 现场环境应急（泄漏处置）
  1. 消除所有点火源（禁止吸烟，消除所有明火、火花或火焰）。
  2. 禁止直接接触污染物。作业时所有设备应接地。
  3. 确保安全时，关阀、堵漏等以切断泄漏源。

L

硫酸二甲酯

一、基本信息

别名/商用名：硫酸甲酯；二甲基硫酸	
UN 号：1595	CAS 号：77-78-1
分子式：$C_2H_6O_4S$	分子量：126.13
熔点/凝固点：–31.8 ℃	沸点：188 ℃（分解）
闪点：83 ℃	
自燃温度：191 ℃	爆炸极限：
GHS 危害标签：	GHS 危害分类：

GHS 危害分类：
- 急毒性 - 口服：类别 3
- 皮肤腐蚀/刺激：类别 1B
- 皮肤敏化作用：类别 1
- 严重眼损伤/眼刺激：类别 1
- 急毒性 - 吸入 类别 2
- 特定目标器官毒性 - 单次接触/呼吸道刺激：类别 3
- 生殖细胞致突变性：类别 2
- 致癌性：类别 1B
- 危害水生环境 - 急性毒性：类别 2

外观及性状：无色或浅黄色透明液体，微带洋葱臭味。微溶于水，溶于乙醇。

二、现场快速检测方法

手提式硫酸二甲酯分析仪（JSA9-$C_2H_6O_4S$）：0~10 mg/L，0~50 mg/L，0~100 mg/L，0~1000 mg/L，0~5000 mg/L，0~10000 mg/L（检测范围）。

三、危险性

- 危险性类别：6.1 类　毒性物质

- 燃烧及爆炸危险性
  1. 可燃，蒸气与空气可形成爆炸性混合物，遇明火、热会导致燃烧爆炸。燃烧时释放出刺激性或有毒烟雾（或气体）。
  2. 蒸气比空气重，能在较低处扩散到相当远的地方，遇火源会着火回燃。
  3. 若遇高热可发生剧烈分解，引起容器破裂或爆炸事故。

- 健康危害
  1. 急性毒性：$LC_{50} = 45\ mg/m^3$（4 h，大鼠吸入）；$LD_{50} = 205\ mg/kg$（大鼠经口）。
  2. 本品对黏膜和皮肤有强烈的刺激作用。
  3. 误服灼伤消化道；可致眼、皮肤灼伤。
  4. 长期接触低浓度，可有眼和上呼吸道刺激。

四、个人防护建议（NIOSH）

1. 皮肤：穿防毒服。
2. 眼睛：佩戴合适的眼部防护用品。
3. 呼吸：戴正压自给式空气呼吸器。
4. 设施配备：应配备快速冲淋洗浴设备或眼冲洗设备，以应急使用。

五、应急处置

- 急救措施
  1. 皮肤：如果该化学物质直接接触皮肤，立即用水冲洗污染的皮肤。
  2. 眼睛：提起眼睑，用流动水清洗。就医。
  3. 吸入：迅速脱离现场，至空气新鲜处，保持呼吸道流畅。如有呼吸困难，进行输氧；呼吸心跳停止，立即进行心肺复苏术。就医。
  4. 误服：用水漱口，给饮牛奶或蛋清。就医。

- 灭火
  用雾状水、二氧化碳、泡沫灭火器或砂土。

- 疏散和隔离（ERG）
  1. 小量泄漏，初始隔离 30 m，下风向疏散白天 100 m、夜晚 200 m；大量泄漏，初始隔离 60 m，下风向疏散白天 500 m、夜晚 700 m。
  2. 火场内如有原油储罐、槽车或罐车，四周隔离 800 m。考虑撤离隔离区的人员、物资；疏散无关人员并划定警戒区；在上风处停留，切勿进入低洼处；进入密闭空间之前必须先通风。

- 现场环境应急（泄漏处置）
  1. 消除所有点火源（禁止吸烟，消除所有明火、火花或火焰）。禁止接触或跨越泄漏物。
  2. 使用防爆的通信工具。
  3. 禁止直接接触污染物。作业时所有设备应接地。
  4. 确保安全时，关阀、堵漏等以切断泄漏源。
  5. 小量泄漏：用干燥的砂土或其他不燃、材料覆盖泄漏物。
  6. 大量泄漏：构筑围堤或挖坑收容。用泵转移至槽车或专用收集器内。

- 危险废物处置
  用焚烧法。

六氟化硫

一、基本信息

别名 / 商用名：无	
UN 号：1080	CAS 号：2551-62-4
分子式：F_6S	分子量：146.05
熔点 / 凝固点：–51 ℃	沸点：
闪点：	
自燃温度：	爆炸极限：
GHS 危害标签：	GHS 危害分类： • 特定目标器官毒性 - 单次接触 / 麻醉效应：类别 3 • 高压气体：压缩气体
外观及性状：无色无臭气体。微溶于水、乙醇、乙醚。	

二、现场快速检测方法

1. 便携式红外光谱气体分析仪（MIRAN-205B SeriesSapphIRe）：0.15 mg/m³（检测限）。
2. 便携式六氟化硫检测仪（SM-SF6 传感器）：0~50 μL/L，0~100 μL/L，0~1500 μL/L，0~3000 μL/L（检测范围）。
3. 便携式气相色谱 - 质谱联用仪。

三、危险性

• 危险性类别：2.2 类　不燃气体

• 燃烧及爆炸危险性
  不燃。

• 健康危害
  纯品无毒。但产品中如混杂低浓度氟化硫和氟化氢，特别是十氟化硫时，则毒性增强。

1. 皮肤：穿一般作业防护服，戴一般作业防护手套。
2. 眼睛：必要时，戴安全防护眼镜。
3. 呼吸：高浓度接触时可佩戴过滤式半面罩防毒面具。或自给式呼吸器。
4. 其他：工作完毕，淋浴更衣。保持良好的卫生习惯。进入罐、限制性空间或其他高浓度区作业，须有人监护。

五、应急处置

- 急救措施（NIOSH）
  1. 脱离现场至空气新鲜处。保持呼吸道通畅。
  2. 呼吸困难，进行输氧；呼吸心跳停止，立即进行人工呼吸。就医。

- 灭火
  用干粉或二氧化碳灭火器。喷水冷却容器，条件允许可将容器从火场移至空旷处。

- 疏散和隔离（ERG）
  1. 采取预防措施，大量泄漏时，考虑最初环境条件，下风向至少撤离 50 m。未经授权的人员禁止进入隔离区。
  2. 火场内如有储罐、槽车或罐车，四周隔离 800 m；此外，考虑四周初始疏散距离 800 m。

- 现场环境应急（泄漏处置）
  1. 撤离泄漏污染区人员至上风处；隔离污染区，严格限制出入。
  2. 应急处理人员戴自给正压式呼吸器，穿一般作业工作服。禁止直接接触污染物。
  3. 尽可能切断泄漏源。合理通风，加速扩散。漏气容器要妥善处理，修复、检验后再用。
  4. 确保安全时关阀、堵漏等以切断泄漏源。构筑围堤或挖沟收容泄漏物，防止进入水体、下水道、地下室或限制性空间。用雾状水稀释挥发蒸气，禁止用直流水冲击泄漏物。通风。允许物质挥发。

- 危险废物处置
  处置前应参阅国家和地方有关法规。废气直接排入大气。

L

六甲基二硅氮烷

一、基本信息

别名 / 商用名：六甲基二硅亚胺；1,1,1,3,3,3- 六甲基二硅氮烷；六甲基二硅烷胺	
UN 号：2733	CAS 号：999-97-3
分子式：$C_6H_{19}NSi_2$	分子量：161.40
熔点 / 凝固点：–78 ℃	沸点：126 ℃
闪点：25 ℃	
自燃温度：	爆炸极限：
GHS 危害标签：	GHS 危害分类： • 易燃液体：类别 3 • 急毒性 - 皮肤 / 吸入：类别 3 • 皮肤腐蚀 / 刺激：类别 1 • 严重眼损伤 / 眼刺激：类别 1 • 特定目标器官毒性 - 单次接触：类别 1 • 特定目标器官毒性 - 单次接触 / 呼吸道刺激：类别 3 • 危害水生环境 - 慢性毒性：类别 3
外观及性状：无色、透明、易流动液体。溶于多数有机溶剂。	

二、现场快速检测方法

1. 便携式气相色谱 - 质谱联用仪。
2. 便携式气相色谱仪。

三、危险性

• 危险性类别：3 类　易燃固 / 液体

• 燃烧及爆炸危险性：
1. 易燃，具刺激性：其蒸气与空气可形成爆炸性混合物，遇明火、高热极易燃烧爆炸。
2. 遇水和甲醇发生化应反应而分解。
3. 与氧化剂接触猛烈反应。
4. 高温，容器内压增大，有开裂和爆炸的危险。

- 健康危害
  1. 眼、皮肤和呼吸：有刺激，液体及蒸气造成严重皮肤灼伤和眼损伤。
  2. 吸入：对器官造成损害。可能造成呼吸道刺激。可引起喉、支气管的炎症、水肿、痉挛、化学性肺炎或肺水肿等。

四、个人防护建议（NIOSH）

1. 皮肤：穿防毒无渗透工作服。穿阻燃防静电防护服和抗静电的防护靴。
2. 眼睛：佩戴化学护目镜（符合欧盟 EN 166 或美国 NIOSH 标准）。
3. 衣服：脱掉所有沾染的衣服，清洗后方可重新使用。

五、应急处置

- 急救措施（NIOSH）
  1. 皮肤：清洗，脱掉所有沾染的衣服。就医。
  2. 眼睛：提起眼睑，清水或生理盐水冲洗。如戴隐形眼镜，取出，继续冲洗。就医。
  3. 呼吸：转移到空气新鲜处，保持呼吸舒适的休息姿势。如呼吸困难，给输氧；呼吸心跳停止，立即进行人工呼吸。就医。
  4. 吞咽：漱口，饮足量温水。就医。

- 灭火：
  用雾状水、泡沫、干粉、二氧化碳灭火器或砂土。

- 疏散和隔离（ERG）
  1. 消除所有点火源。根据液体流动和蒸气扩散的影响区域划定警戒区，无关人员从侧风、上风向撤离至安全区。
  2. 迅速撤离泄漏污染区人员至安全区，隔离污染区，严格限制出入。

- 现场环境应急（泄漏处置）
  1. 应急处理人员佩戴自给正压式呼吸器，穿防毒服。作业时使用的所有设备应接地，尽可能切断泄漏源。防止流入下水道、排洪沟等限制空间。
  2. 小量泄漏：用砂土、干燥石或苏打灰混合。也可以用不燃性分散剂制成的乳液刷洗，洗液稀释后放入废水系统。
  3. 大量泄漏：构筑围堤或挖坑收容。用泵转移至槽车或专用收集器内，回收或运至废物处理场所。

- 危险废物处置
  用焚烧法。焚烧炉排出的氮氧化物通过洗涤器除去。

六氯环戊二烯

一、基本信息

别名/商用名：全氯环戊二烯；1,2,3,4,5,5-六氯环戊-1,3-二烯	
UN号：2646	CAS号：77-47-4
分子式：C_5Cl_6	分子量：272.77
熔点/凝固点：9.6 ℃	沸点：239 ℃
闪点：	
自燃温度：	爆炸极限：
GHS危害标签：	GHS危害分类： • 急毒性-皮肤：类别3 • 皮肤腐蚀/刺激：类别1B • 严重眼损伤/眼刺激：类别1 • 急毒性-吸入：类别2 • 危害水生环境-急性毒性：类别1 • 危害水生环境-慢性毒性：类别1
外观及性状：黄色至琥珀色油状液体，有刺激性气味。不溶于水，溶于乙醚、四氯化碳等多数有机溶剂。	

二、现场快速检测方法

1. 便携式气相色谱–质谱仪：0.1~10 mg/L（检测范围）。
2. 便携式环境气体检测仪（pGas200-PSED-20s）：0.1~100 mg/L（检测范围）。

三、危险性

• 危险性类别：6.1类　毒性物质

• 燃烧及爆炸危险性
  1. 本品不燃。
  2. 受高热分解放出腐蚀性、刺激性的烟雾。

• 健康危害
  1. 急性毒性：LD_{50} = 505 mg/kg（小鼠经口）；LD_{50} = 200 mg/kg（大鼠经口）；LD_{50} = 430 mg/kg（兔经皮）。

L

2. 对黏膜和皮肤有明显刺激性。
3. 皮肤接触可发生皮炎。

四、个人防护建议（NIOSH）

1. 皮肤：穿防毒服。
2. 眼睛：佩戴合适的眼部防护用品。
3. 呼吸：戴正压自给式空气呼吸器。
4. 设施配备：应配备快速冲淋洗浴设备或眼冲洗设备，以应急使用。

五、应急处置

- 急救措施
  1. 皮肤：如果该化学物质直接接触皮肤，立即用水冲洗污染的皮肤。
  2. 眼睛：提起眼睑，用流动水清洗。就医。
  3. 吸入：迅速脱离现场，至空气新鲜处，保持呼吸道流畅。如有呼吸困难，进行输氧；呼吸心跳停止，立即进行心肺复苏术。就医。
  4. 误服：立即就医。

- 灭火
  雾状水、泡沫、干粉、二氧化碳灭火器或砂土。

- 疏散和隔离（ERG）
  1. 小量泄漏：初始隔离 30 m，下风向疏散白天 100 m、夜晚100 m。
  2. 大量泄漏：初始隔离 30 m，下风向疏散白天 400 m、夜晚500 m。
  3. 火场内如有储罐、槽车或罐车，四周隔离 800 m。考虑初始撤离 800 m。

- 现场环境应急（泄漏处置）
  1. 消除所有点火源（禁止吸烟，消除所有明火、火花或火焰）。禁止接触或跨越泄漏物。
  2. 使用防爆的通信工具。
  3. 禁止直接接触污染物。作业时所有设备应接地。
  4. 确保安全时，关阀、堵漏等以切断泄漏源。
  5. 小量泄漏：用干燥的砂土或其他不燃材料吸收或覆盖，收集于容器中。
  6. 大量泄漏：构筑堤或挖坑收容。用石灰粉吸收大量液体。用泵转移至槽车或专用收集器内。

L

氯

<table>
<tr><td colspan="2">一、基本信息</td></tr>
<tr><td colspan="2">别名/商用名：液氯；氯气</td></tr>
<tr><td>UN 号：1017</td><td>CAS 号：7782-50-5</td></tr>
<tr><td>分子式：Cl$_2$</td><td>分子量：70.91</td></tr>
<tr><td>熔点/凝固点：−101 ℃</td><td>沸点：−34.5 ℃</td></tr>
<tr><td>闪点：</td><td></td></tr>
<tr><td>自燃温度：</td><td>爆炸极限：</td></tr>
<tr><td>GHS 危害标签：</td><td>GHS 危害分类：
• 高压气体：压缩气体
• 急毒性 - 吸入：类别 2
• 皮肤腐蚀/刺激：类别 2
• 严重眼损伤/眼刺激：类别 2A
• 特定目标器官毒性 - 单次接触：类别 3
• 危害水生环境 - 急性毒性：类别 1</td></tr>
<tr><td colspan="2">外观及性状：黄绿色、有刺激性气味的气体。易溶于水、碱液。</td></tr>
</table>

<table>
<tr><td>二、现场快速检测方法</td></tr>
<tr><td>氯气检测仪：0~100 μL/L（检测范围）。</td></tr>
</table>

<table>
<tr><td>三、危险性</td></tr>
<tr><td>• 危险性类别：2.3 类　有毒气体</td></tr>
<tr><td>• 燃烧及爆炸危险性
　本品不燃，但可助燃。</td></tr>
<tr><td>• 健康危害
　1. 急性毒性：LC$_{50}$ = 850 mg/m^3（1 h，大鼠吸入）。</td></tr>
</table>

L

2. 吸入极高的浓度氯气，可引起心搏骤停或喉头痉挛而发生"电击样"死亡。
3. 液氯或高浓度氯，在暴露部位可有灼伤或急性皮炎。

四、个人防护建议（NIOSH）

1. 皮肤：穿内置正压自给式空气呼吸器的全封闭防化服。
2. 眼睛：佩戴合适的眼部防护用品。
3. 呼吸：戴正压自给式空气呼吸器。
4. 设施配备：应配备快速冲淋洗浴设备或眼冲洗设备，以应急使用。

五、应急处置

- 急救措施
  1. 皮肤：如未冻伤，立即用水冲洗。如果冻伤，立即就医。
  2. 眼睛：如未冻伤，立即用水冲洗。如果冻伤，立即就医。
  3. 吸入：迅速脱离现场，至空气新鲜处，保持呼吸道流畅。如有呼吸困难，进行输氧；呼吸心跳停止，立即进行心肺复苏术。就医。
  4. 误服：立即就医。

- 灭火
  不燃，根据着火原因选择适当灭火剂灭火。

- 疏散和隔离（ERG）
  1. 小量泄漏，初始隔离 60 m，下风向疏散白天 400 m、夜晚 1600 m；大量泄漏，初始隔离 600 m，下风向疏散白天 3500 m，夜晚 8000 m。
  2. 火场内如有原油储罐、槽车或罐车，四周隔离 800 m。考虑撤离隔离区的人员、物资；疏散无关人员并划定警戒区；在上风处停留，切勿进入低洼处；进入密闭空间之前必须先通风。

- 现场环境应急（泄漏处置）
  1. 消除所有点火源（禁止吸烟，消除所有明火、火花或火焰）。禁止接触或跨越泄漏物。
  2. 使用防爆的通信工具。
  3. 禁止直接接触污染物。作业时所有设备应接地。
  4. 确保安全时，关阀、堵漏等以切断泄漏源。

- 危险废物处置
  建议把废气通入过量的还原性溶液中（亚硫酸氢盐、亚铁盐、硫代亚硫酸钠溶液），反应后用水冲到下水道。废水中的氯气和氯化物电解后产生的氯气应回收。

L

氯苯

一、基本信息

别名 / 商用名：一氯化苯；氯代苯	
UN 号：1134	CAS 号：108-90-7
分子式：C_6H_5Cl	分子量：112.56
熔点 / 凝固点：–45.2 ℃	沸点：132.2 ℃
闪点：28 ℃	
自燃温度：590 ℃	爆炸极限：1.3%~9.6%（体积比）
GHS 危害标签：	GHS 危害分类： • 易燃液体 类别 3 • 危害水生环境 - 急性毒性 类别 2 • 危害水生环境 - 慢性毒性 类别 2
外观及性状：无色透明液体，具有不愉快的苦杏仁味。不溶于水，溶于乙醇、乙醚、氯仿、二硫化碳、苯等多数有机溶剂。	

二、现场快速检测方法

便携式氯苯检测管（北川 178SB）：1~5 mg/L，5~40 mg/L（检测范围）；1 mg/L（检测限）。

三、危险性

- 危险性类别：3 类　易燃液体
- 燃烧及爆炸危险性
  1. 易燃。蒸气与空气能行成爆炸性混合物，遇明火、高热能引起燃烧爆炸。
  2. 蒸气比空气重，能在较低处扩散到相当远的地方，遇明火会回燃和爆炸（闪爆），燃烧产生含有剧毒和腐蚀性的光气和氯化氢气体。
- 健康危害
  1. 急性毒性：LC_{50} = 2965 mg/L（大鼠吸入）；LD_{50} = 1110 mg/kg（大鼠经口）。
  2. 对中枢神经系统有抑制和麻醉作用。

3. 对皮肤和黏膜有刺激性。
4. 液体对皮肤有轻度刺激性，但反复接触，则起红斑或有轻度浅性表层坏死。

四、个人防护建议（NIOSH）

1. 身体：穿防静电服。
2. 眼睛：佩戴合适的眼部防护用品。
3. 呼吸：戴正压自给式空气呼吸器。
4. 设施配备：应配备快速冲淋洗浴设备或眼冲洗设备，以应急使用。

五、应急处置

- 急救措施
  1. 皮肤：如果该化学物质直接接触皮肤，立即用水冲洗污染的皮肤。
  2. 眼睛：提起眼睑，用流动水清洗。就医。
  3. 吸入：迅速脱离现场，至空气新鲜处，保持呼吸道流畅。如有呼吸困难，进行输氧；呼吸心跳停止，立即进行心肺复苏术。就医。
  4. 误服：立即就医。

- 灭火
  用雾状水、泡沫、干粉、二氧化碳灭火器或砂土。

- 疏散和隔离（ERG）
  1. 立即在所有方向上隔离泄漏区至少 50 m；如遇大量泄漏，考虑最初下风向撤离至少 300 m。
  2. 火场内如有原油储油罐、槽车或罐车，四周隔离 800 m。考虑撤离隔离区的人员、物资；疏散无关人员并划定警戒区；在上风处停留，切勿进入低洼处；进入密闭空间之前必须先通风。

- 现场环境应急（泄漏处置）
  1. 消除所有点火源（禁止吸烟，消除所有明火、火花或火焰）。禁止接触或跨越泄漏物。
  2. 使用防爆的通信工具。
  3. 禁止直接接触污染物。作业时所有设备应接地。
  4. 确保安全时，关阀、堵漏等以切断泄漏源。
  5. 小量泄漏：用砂土或其他不燃材料吸收。使用洁净的无火花工具收集吸收材料。
  6. 大量泄漏：构筑围堤或挖坑收容。用石灰粉吸收大量液体。用泡沫覆盖，减少蒸发。喷水雾能减少蒸发，但不能降低泄漏物在受限制空间内的易燃性。用防爆泵转移至槽车专用收集器内。

L

氯化苄

一、基本信息

别名 / 商用名: 苄基氯; 2- 氯甲苯	
UN 号: 1738	CAS 号: 100-44-7
分子式: C_7H_7Cl	分子量: 126.58
熔点 / 凝固点: −39.2 ℃	沸点: 179.4 ℃
闪点: 67 ℃	
自燃温度: 585 ℃	爆炸极限: 1.1%(爆炸下限)
GHS 危害标签: 	GHS 危害分类: • 急毒性 - 吸入: 类别 3 • 皮肤腐蚀 / 刺激: 类别 2 • 严重眼损伤 / 眼刺激: 类别 1 • 致癌性: 类别 1B • 特定目标器官毒性 - 单次接触 / 呼吸道刺激: 类别 3 • 特定目标器官毒性 - 重复接触: 类别 2 • 危害水生环境 - 急性毒性: 类别 2
外观及性状: 无色液体,有刺激性气味。不溶于水,可混溶于乙醇、氯仿等多数有机溶剂。	

二、现场快速检测方法

1. 便携式气相色谱 - 质谱联用仪: 1~100 μg/L(检测范围); 0.5 μg/L(检测限)。
2. 便携式气相色谱仪: 0.1 mg/m³(检测限)。

三、危险性

• 危险性类别: 6.1 类 + 8 类   毒害物及腐蚀性物质

• 燃烧及爆炸危险性
 1. 可燃: 遇明火、高热可燃。
 2. 高毒: 受高热分解产生有毒的腐蚀性烟气。
 3. 刺激性: 与铜、铝、镁、锌及锡等接触放出热量及氯化氢气体。

• 健康危害
 1. 急性毒性: $LD_{50}=1231$ mg/kg(大鼠经口); $LC_{50}=778$ mg/m³(2 h, 大鼠吸入)。

2. 吸入：出现呼吸道炎症，甚至发生肺水肿。
3. 眼睛：有刺激性，液体溅入眼内引起结膜和角膜蛋白变性。
4. 皮肤：引起红斑、大疱，或发生湿疹。
5. 口服：引起胃肠道刺激反应、头痛、头晕、恶心、呕吐及中枢神经系统抑制。
6. 慢性影响：肝肾损害。

四、个人防护建议（NIOSH）

1. 皮肤：穿透气型防毒服，戴橡胶耐油手套。
2. 眼睛：戴化学安全防护眼镜。
3. 呼吸：佩戴自吸过滤式半面罩防毒面具。紧急事态抢救或撤离时，须佩戴自给式呼吸器。
4. 其他：工作现场禁止吸烟、进食和饮水。工作完毕，彻底清洗。被毒物污染的衣服单独存放，洗后备用。

五、应急处置

• 急救措施（NIOSH）
  1. 皮肤：脱去污染衣着，用肥皂水和清水彻底冲洗皮肤。就医。
  2. 眼睛：提起眼睑，清水或生理盐水冲洗。就医。
  3. 吸入：脱离现场至空气新鲜处，保持呼吸道通畅。如呼吸困难，给输氧；呼吸心跳停止，立即进行人工呼吸。就医。
  4. 误服：立即饮足量温水，催吐，洗胃。就医。

• 灭火
  用雾状水、泡沫、干粉或二氧化碳灭火器。

• 疏散和隔离（ERG）
  1. 立即在所有方向上隔离泄漏区至少 50 m。
  2. 如火场有装运的桶罐、罐车发生火灾，在四周隔离 800 m；同时考虑四周初始疏散距离 800 m。

• 现场环境应急（泄漏处置）
  1. 撤离泄漏污染区人员至安全区；隔离污染区，严格限制出入。切断火源。
  2. 应急处理人员戴自给正压式呼吸器，穿防毒服。不要直接接触泄漏物。
  3. 尽可能切断泄漏源。防止流入下水道、排洪沟等限制性空间。
  4. 小量泄漏：用砂土、干燥石灰或苏打灰混合。
  5. 大量泄漏：构筑围堤或挖坑收容。用泡沫覆盖，降低蒸气灾害。用泵转移至槽车或专用收集器内，回收或运至废物处理场所。

• 危险废物处置
  用焚烧法。燃烧过程中要喷入蒸气或甲烷，以免生成氯气。焚烧炉排出的卤化氢通过酸洗涤器除去。

L

氯甲基甲醚

一、基本信息

别名/商用名：甲基氯甲醚；氯二甲醚；氯甲甲醚；氯化二甲醚；氯甲基氯甲烷；一氯甲基·甲基醚；氯甲氧甲烷	
UN号：1239	CAS号：107-30-2
分子式：$ClCH_2OCH_3$ C_2H_5OCl	分子量：80.51
熔点/凝固点：$-103.5\ ℃$	沸点：$59.5\ ℃$
闪点：$15.5\ ℃$	
自燃温度：	爆炸极限：
GHS危害标签：	GHS危害分类： • 易燃液体：类别2 • 急毒性-口服：类别1 • 致癌性：类别1A
外观及性状：无色或微黄色液体，带有刺激性气味。溶于乙醇、乙醚等多数有机溶剂。	

二、现场快速检测方法

1. 二硫化碳检测管（141SA）：30~500 mg/L（检测范围）。
2. 便携式环境气体检测仪（pGas200-PSED-20s）：0.1~100 mg/L（检测范围）。

三、危险性

• 危险性类别：3.2类　中闪点易燃液体

• 燃烧及爆炸危险性
  1. 易燃，与空气混合能形成爆炸性混合物，遇热源和明火有燃烧爆炸的危险。
  2. 比空气重，能在较低处扩散到相当远的地方，遇火源会着火回燃。
  3. 燃烧产物有毒，含有光气、氯化氢、一氧化碳。

• 健康危害
  1. 急性毒性：$LC_{50} = 179.8$ mg/m³（7h，大鼠吸入）；$LD_{50} = 500$ mg/kg（大鼠经口）。
  2. 蒸气对呼吸道有强烈刺激性。眼及皮肤接触可致灼伤。
  3. 本品可致肺癌。

1. 皮肤：穿防毒、防静电服。
2. 眼睛：佩戴合适的眼部防护用品。
3. 呼吸：戴正压自给式空气呼吸器。
4. 设施配备：应配备快速冲淋洗浴设备或眼冲洗设备，以应急使用。

五、应急处置

- 急救措施
  1. 皮肤：如果该化学物质直接接触皮肤，立即用水冲洗污染的皮肤。
  2. 眼睛：提起眼睑，用流动水清洗。就医。
  3. 吸入：迅速脱离现场，至空气新鲜处，保持呼吸道流畅。如有呼吸困难，进行输氧；呼吸心跳停止，立即进行心肺复苏术。就医。
  4. 误服：立即就医。

- 灭火
  用抗溶性泡沫、干粉、二氧化碳灭火器或砂土。

- 疏散和隔离（ERG）
  1. 小量泄漏，初始隔离 30 m，下风向疏散白天 300 m、夜晚 1100 m；大量泄漏，初始隔离 200 m，下风向疏散白天 2500 m、夜晚 5100 m。
  2. 火场内如有原油储罐、槽车或罐车，四周隔离 800 m。考虑撤离隔离区的人员、物资；疏散无关人员并划定警戒区；在上风处停留，切勿进入低洼处；进入密闭空间之前必须先通风。

- 现场环境应急（泄漏处置）
  1. 消除所有点火源（禁止吸烟，消除所有明火、火花或火焰）。禁止接触或跨越泄漏物。
  2. 使用防爆的通信工具。作业时所有设备应接地。
  3. 禁止直接接触污染物。
  4. 确保安全时，关阀、堵漏等以切断泄漏源。
  5. 小量泄漏：用砂土或其他不燃材料吸收。使用洁净的无火花工具收集吸收材料。
  6. 大量泄漏：构筑围堤或挖坑收容。用抗溶性泡沫覆盖，减少蒸发。喷水雾能减少蒸发，但不能降低泄漏物在受限制空间内的易燃性。

- 危险废物处置
  用焚烧法。

L

氯甲酸三氯甲酯

一、基本信息

别名 / 商用名：双光气	
UN 号：3277	CAS 号：503-38-8
分子式：$C_2Cl_4O_2$	分子量：197.83
熔点 / 凝固点：−57 ℃	沸点：128 ℃
闪点：84 ℃	
自燃温度：	爆炸极限：
GHS 危害标签：	GHS 危害分类： • 急毒性 - 口服：类别 2； • 皮肤腐蚀 / 刺激：类别 1； • 严重眼损伤 / 眼刺激：类别 1； • 急毒性 - 吸入：类别 2。
外观及性状：无色透明液体，有窒息性。不溶于水，溶于醇、乙醚等多数有机溶剂。	

二、现场快速检测方法

1. 袖珍式双光气检测仪（H120-COCL$_2$）：0.02~1 mg/L（检测范围）。
2. 便携式环境气体检测仪（pGas200-PSED-20s）：0.1~100 mg/L（检测范围）。

三、危险性

- 危险性类别：6.1 类 + 8 类　毒性物质及腐蚀性物质
- 燃烧及爆炸危险性
  不燃
- 健康危害
  1. 吸入引起急性中毒性肺水肿，严重者窒息死亡。
  2. 对皮肤、眼睛和黏膜有强烈刺激性。

1. 皮肤：穿全身防火防毒服。
2. 眼睛：佩戴合适的眼部防护用品。
3. 呼吸：佩戴防毒面具（全面罩）或隔离式呼吸器。
4. 衣物脱除：工作服被弄湿或受到了明显的污染，立即脱除并妥善处置。
5. 设施配备：应配备快速冲淋洗浴设备或眼冲洗设备，以应急使用。

五、应急处置

- 急救措施
  1. 皮肤：如果该化学物质直接接触皮肤，立即用肥皂水冲洗污染的皮肤。
  2. 眼睛：提起眼睑，用流动水清洗。就医。
  3. 吸入：迅速脱离现场，至空气新鲜处，保持呼吸道流畅。如有呼吸困难，进行输氧；呼吸心跳停止，立即进行心肺复苏术。就医。
  4. 误服：立即就医。

- 灭火
  不燃，根据周围着火原因选择适当灭火剂。

- 疏散和隔离（ERG）
  小量泄漏，初始隔离30 m，下风向疏散白天200 m、夜晚700 m；大量泄漏，初始隔离200 m，下风向疏散白天1100 m、夜晚2600 m。

- 现场环境应急（泄漏处置）
  1. 消除所有点火源（禁止吸烟，消除所有明火、火花或火焰）；禁止接触或跨越泄漏物。
  2. 使用防爆的通信工具。
  3. 禁止直接接触污染物。作业时所有设备应接地。
  4. 确保安全时，关阀、堵漏等以切断泄漏源。
  5. 小量泄漏：用干燥的砂土或其他不燃材料覆盖泄漏物。
  6. 大量泄漏：构筑围堤或挖坑收容。用防爆、耐腐蚀泵转移至槽车或专用收集器内。

L

氯甲烷

一、基本信息

别名 / 商用名: 甲基氯; 一氯甲烷; R40	
UN 号: 1063	CAS 号: 74-87-3
分子式: CH$_3$Cl	分子量: 50.49
熔点 / 凝固点: –97.7 ℃	沸点: –23.7 ℃
闪点: 不适用（气体）	爆炸极限: 7.0%~19.0%（体积比）
自燃温度: 632.0 ℃	
GHS 危害标签: 	GHS 危害分类: • 易燃气体: 类别 1A • 高压气体: 压缩气体 • 特定目标器官毒性 - 重复接触: 类别 2
外观及性状: 无色气体, 有醚样的微甜气味。易溶于水、乙醇、氯仿。	

二、现场快速检测方法

　　便携式一氯甲烷检测仪（DP-CH$_3$Cl）: 0~20 μL/L, 0~200 μL/L, 0~1000 μL/L, 0~3000 μL/L（检测范围）。

三、危险性

- 危险性类别: 2.3 类　　有毒气体

- 燃烧及爆炸危险性
  极易燃, 与空气混合能形成爆炸性混合物, 遇火花或高热能引起爆炸, 放出有毒气体。

- 健康危害
  1. 急性毒性: LC$_{50}$ = 5300 mg/m^3（4 h, 小鼠吸入）; LD$_{50}$ = 1800 mg/kg（大鼠经口）。
  2. 对中枢神经系统有麻醉作用。
  3. 严重中毒时, 可出现谵妄、躁动、抽搐、震颤、视力障碍、昏迷, 呼气中有酮体味。
  4. 皮肤接触可因氯甲烷在体表迅速蒸发而致冻伤。

1. 皮肤：穿内置正压自给式空气呼吸器的全封闭防化服。
2. 眼睛：佩戴合适的眼部防护用品。
3. 呼吸：戴正压自给式空气呼吸器。
4. 设施配备：应配备快速冲淋洗浴设备或眼冲洗设备，以应急使用。处理液化气体时，应穿防寒服。

五、应急处置

- 急救措施
  1. 皮肤：如未冻伤，立即用肥皂和水冲洗。如冻伤，立即就医。
  2. 眼睛：如未冻伤，立即用水冲洗。如冻伤，立即就医。
  3. 吸入：迅速脱离现场，至空气新鲜处，保持呼吸道流畅。如有呼吸困难，进行输氧；呼吸心跳停止，立即进行心肺复苏术。就医。
  4. 误服：立即就医。

- 灭火
  用雾状水、泡沫或二氧化碳灭火器。

- 疏散和隔离（ERG）
  1. 泄漏隔离距离至少为 100 m。如果为大量泄漏，下风向的初始疏散距离应至少为 800 m。
  2. 火场内如有原油储罐、槽车或罐车，四周隔离 1600 m。考虑撤离隔离区的人员、物资；疏散无关人员并划定警戒区；在上风处停留，切勿进入低洼处；进入密闭空间之前必须先通风。

- 现场环境应急（泄漏处置）
  1. 消除所有点火源（禁止吸烟，消除所有明火、火花或火焰）。禁止接触或跨越泄漏物。
  2. 使用防爆的通信工具。
  3. 禁止直接接触污染物。作业时所有设备应接地。
  4. 确保安全时，关阀、堵漏等以切断泄漏源。

- 危险废物处置
  采取喷雾水、释放惰性气体、加入中和剂等措施，降低泄漏物的浓度或爆炸危害。喷水稀释时，应筑堤收容产生的废水，防止水体污染。在保证安全情况下，尽可能切断气源或实施堵漏。隔离泄漏区直至气体散尽。

L

氯酸钾

一、基本信息

别名 / 商用名：白药粉	
UN 号：1485	CAS 号：3811-4-9
分子式：KClO₃	分子量：122.55
熔点 / 凝固点：368.4 ℃	沸点：400 ℃
闪点：	
自燃温度：	爆炸极限：
GHS 危害标签： 	GHS 危害分类： • 氧化性固体：类别 1 • 危害水生环境 - 急性毒性：类别 2 • 危害水生环境 - 慢性毒性：类别 2
外观及性状：无色片状结晶或白色颗粒粉末，味咸而凉。溶于水，不溶于醇、甘油。	

二、现场快速检测方法

1. 新型离子迁移谱爆炸物快速检测仪：0.2~2.4 mg/L（检测范围）；0.0168 mg/L（检测限）。
2. 喷墨打印微流体纸基数码灰度比色法：50~90 mg/L（检测范围），0.92 mg/L。
3. 余氯总氯检测试纸（ZN-000033）：0.5~2 mg/L，0.5~5 mg/L，0.5~10 mg/L，0.5~20 mg/L（检测范围）；0.5 mg/L（检测限）。

三、危险性

• 危险性类别：5.1 类　氧化剂

• 燃烧及爆炸危险性
  1. 本品不燃，但可助燃。
  2. 在火焰中释放出刺激性烟雾。
  3. 急剧加热时可发生爆炸。

• 健康危害
  1. 急性毒性：LD₅₀ = 1870 mg/kg（大鼠经口）。

L

2. 对呼吸道有刺激性，吸入量多时，可引起头沉、头痛、头晕、倦怠、疲劳感，面色苍白、发绀、尿带色等症状。
3. 口服急性中毒，表现为高铁血红蛋白血症，胃肠炎，肝肾损伤，甚至发生窒息。

四、个人防护建议（NIOSH）

1. 皮肤：穿全身消防服。
2. 眼睛：佩戴合适的眼部防护用品。
3. 呼吸：佩戴防毒面具。
4. 衣物脱除：如果工作服被可燃性物质浸湿，应当立即脱除并妥善处置。
5. 设施配备：应配备快速冲淋洗浴设备或眼冲洗设备，以应急使用。

五、应急处置

- 急救措施
  1. 皮肤：如未冻伤，立即用肥皂水冲洗；如果冻伤，立即就医。
  2. 眼睛：提起眼睑，用流动水清洗。就医。
  3. 吸入：迅速脱离现场，至空气新鲜处，保持呼吸道流畅。如有呼吸困难，进行输氧；呼吸心跳停止，立即进行心肺复苏术。就医。

- 灭火
  用水灭火。禁止使用砂土、干粉灭火。

- 疏散和隔离（ERG）
  1. 泄漏隔离距离至少为 25 m。如果为大量泄漏，下风向的初始疏散距离应至少为 100 m。
  2. 如果在火场中有储罐、槽车或罐车，周围至少隔 800 m；同时考虑四周初始疏散距离 800 m。

- 现场环境应急（泄漏处置）
  1. 消除所有点火源（禁止吸烟，消除所有明火、火花或火焰）；作业时所有设备应接地；禁止接触或跨越泄漏物。
  2. 禁止直接接触污染物。作业时所有设备应接地。
  3. 确保安全时，关阀、堵漏等以切断泄漏源。
  4. 小量泄漏：用塑料布、帆布覆盖，减少飞散，避免扬尘，用洁净的铲子收集于干燥、洁净、且盖子较松的容器中，并将容器移离泄漏区。
  5. 大量泄漏：收集回收或运至废物处理场所处置，泄漏物回收后，用水冲洗泄漏区。

L

氯酸钠

一、基本信息

别名 / 商用名：氯酸碱；氯酸鲁达；白药钠	
UN 号：1495	CAS 号：7775-09-9
分子式：$NaClO_3$	分子量：106.45
熔点 / 凝固点：248~261 ℃	沸点：分解
闪点：	
自燃温度：	爆炸极限：
GHS 危害标签：	GHS 危害分类： • 氧化性固体：类别 1 • 危害水生环境 - 急性毒性：类别 2 • 危害水生环境 - 慢性毒性：类别 2
外观及性状：无色无臭结晶，味咸而凉，有潮解性。易溶于水，微溶于乙醇。	

二、现场快速检测方法

- 氯酸根
  1. 便携式离子色谱仪（EP-600 型）：9 μg/L（检测限）。
  2. 紫外 - 可见分光光度法：50~5000 mg/L（检测范围）；50 mg/L（检测限）。

三、危险性

- 危险性类别：5.1 类　氧化剂

- 燃烧及爆炸危险性
  1. 助燃、刺激性、强氧化剂。
  2. 受强热或与强酸接触时即发生爆炸。
  3. 与还原剂、有机物、易燃物如硫、磷或金属粉末等混合可形成爆炸性混合物。急剧加热时可发生爆炸。

- 健康危害
  1. 急性毒性：LD_{50} = 1200 mg/kg（大鼠经口）。

2. 粉尘对呼吸道、眼及皮肤有刺激性。
3. 口服急性中毒，表现为高铁血红蛋白血症，胃肠炎，肝肾损伤，甚至发生窒息。

四、个人防护建议（NIOSH）

1. 皮肤：穿聚乙烯防毒服，戴橡胶手套。
2. 眼睛：戴化学安全防护眼镜。
3. 呼吸：接触粉尘，佩戴自吸过滤式防尘口罩。
4. 其他：工作现场禁止吸烟、进食和饮水。工作完毕，淋浴更衣。

五、应急处置

- 急救措施（NIOSH）
  1. 皮肤：脱去污染衣着，流动清水冲洗。
  2. 眼睛：提起眼睑，流动清水或生理盐水冲洗。就医。
  3. 吸入：脱离现场至空气新鲜处。保持呼吸道通畅。如呼吸困难，需要进行输氧。如呼吸停止，进行人工呼吸。就医。
  4. 误服：饮足量温水，催吐。就医。

- 灭火
  用大量水扑救，同时用干粉灭火剂闷熄。

- 疏散和隔离（ERG）
  1. 采取预防措施，大量泄漏时，考虑最初环境条件，下风向至少撤离 100 m。未经授权的人员禁止进入隔离区。
  2. 火场内如有储罐、槽车或罐车，四周隔离 800 m；此外，考虑四周初始疏散距离 800 m。

- 现场环境应急（泄漏处置）
  1. 泄漏物远离可燃物（木材、纸、油等）。无防护措施的情况下禁止直接接触污染物。确保安全时，关阀、堵漏等以切断泄漏源。
  2. 小量泄漏：避免扬尘，用洁净的铲子收集于干燥、洁净、有盖的容器中。
  3. 大量泄漏：收集回收或运至废物处理场所。

- 危险废物处置
  用安全掩埋法。

L

氯乙烯

一、基本信息

别名 / 商用名：乙烯基氯	
UN 号：1086	CAS 号：75-01-4
分子式：C_2H_3Cl	分子量：62.50
熔点 / 凝固点：–159.8 ℃	沸点：–13.4 ℃
闪点：	
自燃温度：415 ℃	爆炸极限：3.6%~31.0%
GHS 危害标签：	GHS 危害分类： • 易燃气体：类别 1A • 化学性质不稳定气体：类别 B • 高压气体：压缩气体 • 致癌物质：类别 1A
外观及性状：无色、有醚样气味的气体。微溶于水，溶于乙醇、乙醚、丙酮等多数有机溶剂。	

二、现场快速检测方法

氯乙烯检测管（132SC）：0.4~12.0 μL/L，0.2~6.0 μL/L，0.1~3.0 μL/L（检测范围）；0.05 μL/L（检测限）。

三、危险性

• 危险性类别：2.1 类　易燃气体

• 燃烧及爆炸危险性
　1. 极易燃。
　2. 比空气重，能在较低处扩散到相当远的地方，遇火源会着火自燃。

• 健康危害
　1. 急性毒性：LD_{50} = 500 mg/kg（大鼠经口）；LC_{50} = 18 mg/L（15 min）（大鼠吸入）。

2.	经呼吸道进入体内，可致肝血管肉瘤。严重者可发生昏迷、抽搐、呼吸循环衰竭，甚至死亡。
3.	可经皮肤吸收进入人体。液体可致皮肤冻伤。

四、个人防护建议（NIOSH）

1. 皮肤：穿防静电服，液化气体泄漏时穿防静电、防寒服。
2. 眼睛：佩戴合适的眼部防护用品。
3. 呼吸：佩戴正压自给式空气呼吸器。
4. 衣物脱除：工作服被可燃性物质浸湿，应当立即脱除并妥善处置。
5. 设施配备：应配备快速冲淋洗浴设备或眼冲洗设备，以应急使用。

五、应急处置

- 急救措施
  1. 皮肤：如未冻伤，立即用肥皂水冲洗；如果冻伤，立即就医。
  2. 眼睛：提起眼睑，用流动水清洗。就医。
  3. 吸入：迅速脱离现场，至空气新鲜处，保持呼吸道流畅。如有呼吸困难，进行输氧；呼吸心跳停止，立即进行心肺复苏术。就医。

- 灭火
  用雾状水、干粉、泡沫或二氧化碳灭火器。

- 疏散和隔离（ERG）
  1. 泄漏隔离距离至少为 100 m。如果为大量泄漏，下风向的初始隔离距离应至少为 800 m。
  2. 火场内如有储罐、槽车或罐车，四周隔离 800 m。考虑初始撤离 800 m。

- 现场环境应急（泄漏处置）
  1. 消除所有点火源（禁止吸烟，消除所有明火、火花或火焰）。禁止接触或跨越泄漏物。
  2. 使用防爆的通信工具。
  3. 禁止直接接触污染物。作业时所有设备应接地。
  4. 确保安全时，关阀、堵漏等以切断泄漏源。
  5. 用质量比为 1:1:1 的碳酸钠（或碳酸钙）、斑脱土和干沙混合物覆盖吸收泄漏物，然后将其移入塑料桶中放在通风处，最后在搅拌条件下将其慢慢加到盛有丁醇或甲醇的容器中。反应停止后，将液体慢慢倒入盛有冷水的桶中，洗涤固体，将固体作为常规垃圾处理。

L

马来酸酐

一、基本信息

别名/商用名：马来酐；顺酐；顺丁烯二酸酐；失水苹果酸酐；MAN；乙基钾黄药；戊基钠黄药；戊基黄原酸钠	
UN 号：2215	CAS 号：108-31-6
分子式：$C_4H_2O_3$	分子量：98.06
熔点/凝固点：52.8 ℃	沸点：202 ℃
闪点：110 ℃	
自燃温度：447 ℃	爆炸极限：1.4%~7.1%（体积比）
GHS 危害标签：	GHS 危害分类： • 皮肤腐蚀/刺激：类别 1B • 严重眼损伤/眼刺激：类别 1 • 呼吸敏化作用：类别 1 • 皮肤敏化作用：类别 1
外观及性状：无色针状晶体。与热水作用生成马来酸。	

二、现场快速检测方法

1. 检气管（216S）：0.2~10 mg/L（检测范围）。
2. 马来酐检测管：100~1000 mg/L（检测范围）。

三、危险性

- 危险性类别：8 类　腐蚀性物质

- 燃烧及爆炸危险性
  粉体与空气可形成爆炸性混合物，当达到一定浓度时，遇火星会发生爆炸。

- 健康危害
  1. 急性毒性：LD_{50} = 400 mg/kg（大鼠经口），2620 mg/kg（兔经皮）。
  2. 皮肤和眼：严重灼伤或过敏。
  3. 吸入：过敏、哮喘病症状或呼吸困难。

1. 皮肤：穿防毒物渗透工作服，戴防护手套。
2. 眼睛：戴安全防护眼镜。
3. 呼吸：紧急事态抢救或撤离时，佩戴自给式呼吸器。
4. 其他：工作现场禁止吸烟、进食和饮水。及时换洗工作服。工作前后不饮酒，用温水洗澡。实行就业前和定期体检。

• 急救措施（NIOSH）
1. 皮肤（或头发）沾染：脱掉所有沾染衣服。用水清洗。如有刺激或皮疹，就医。
2. 眼睛：提起眼睑，冲洗。如戴隐形眼镜，取出，继续冲洗。
3. 吸入：将受害人转移到空气新鲜处，保持呼吸舒适的休息姿势。
4. 呼吸：如呼吸困难，呼叫中毒急救中心或医生。
5. 吞咽：漱口。不要诱导呕吐。

• 灭火
用雾状水、泡沫、干粉、二氧化碳灭火器或砂土。

• 疏散和隔离（ERG）
1. 泄漏时，对于高亮材料，根据"公共安全"所示的隔离距离设定初始隔离和安全距离。对于必要的非高亮材质，在下风向增加距离。
2. 如火场有装运的桶罐、罐车，在四周隔离 800 m；同时考虑四周初始撤离距离 800 m。

• 现场环境应急（泄漏处置）
1. 撤离泄漏污染区人员至安全区；隔离污染区，严格限制出入。尽可能切断泄漏源。
2. 应急处理人员戴防尘口罩，穿防酸碱服。作业时所有设备接地。穿防护服前严禁接触破裂的容器和泄漏物。
3. 小量泄漏：用干燥的砂土或其他不燃材料覆盖泄漏物，用塑料布覆盖，减少飞散，避免雨淋。用洁净的铲子收集泄漏物，置于干净、干燥、盖子较松的容器中，将容器移离泄漏区。

M

2,2′- 偶氮 – 二 –（2，4- 二甲基戊腈）

一、基本信息

别名 / 商用名：偶氮二异庚腈；偶氮二甲基戊腈	
UN 号：3226	CAS 号：4419-11-8
分子式：$C_{14}H_{20}N_4$	分子量：248.37
熔点 / 凝固点：55.5~57℃（顺式）；74~74℃（反式）	沸点：>35 ℃
闪点：	
自燃温度：	爆炸极限：
GHS 危害标签：	GHS 危害分类： • 自反应物质和混合物：D 型
外观及性状：白色晶体。不溶于水，溶于甲醇、甲苯和丙酮等有机溶剂。	

二、现场快速检测方法

1. 便携式红外光谱仪：3 mg/L（检测限）。
2. 便携式液相色谱 - 质谱仪：0.5 mg/L（检测限）。

三、危险性

• 危险性类别：4.1 类　易燃固体

• 燃烧及爆炸危险性
   易燃，遇明火、高热、摩擦、振动、撞击可能引起激烈燃烧或爆炸。与醇类、酸类氧化剂、丙酮、醛类和烃类混合有燃烧爆炸危险。

• 健康危害
   1. 急性毒性。
   2. 吸入引起呼吸道不适。
   3. 眼睛直接接触本品可导致暂时不适。

4. 通过割伤、擦伤或病变处进入血液，可能产生全身损伤的有害作用。
5. 意外食入本品可能对个体健康有害。

四、个人防护建议（NIOSH）

1. 皮肤：穿防静电、防腐、防毒服。
2. 眼睛：佩戴合适的眼部防护用品。
3. 呼吸：佩戴正压自给式呼吸器。
4. 衣物脱卸：工作服被弄湿或受到了明显的污染，立即脱除并妥善处置。
5. 设施配备：应配备快速冲淋洗浴设备或眼冲洗设备，以应急使用。

五、应急处置

• 急救措施
1. 皮肤：如果该化学物质直接接触皮肤，立即用肥皂水冲洗污染的皮肤。
2. 眼睛：提起眼睑，用流动水清洗。就医。
3. 吸入：迅速脱离现场，至空气新鲜处，保持呼吸道流畅。如有呼吸困难，进行输氧；呼吸心跳停止，立即进行心肺复苏术。就医。
4. 误服：立即就医。

• 灭火
小火，用水、泡沫、二氧化碳或干粉灭火器。

• 疏散和隔离（ERG）
1. 泄漏隔离距离至少为 25 m。如果为大量泄漏，下风向的初始疏散距离应至少为 250 m。
2. 如果在火场中有储罐、槽车或罐车，周围至少隔离 800 m；同时考虑四周初始疏散距离 800 m。

• 现场环境应急（泄漏处置）
1. 消除所有点火源（禁止吸烟，消除所有明火、火花或火焰）；作业时所有设备应接地；禁止接触或跨越泄漏物。
2. 禁止直接接触污染物。作业时所有设备应接地。
3. 确保安全时，关阀、堵漏等以切断泄漏源。
4. 小量泄漏：小量泄漏：用惰性、湿润的燃料吸收，使用无火花工具收集于干燥、洁净、有盖的容器中。防止泄漏物进入水体、下水道、地下室或密闭空间。

O

2,2′- 偶氮二异丁腈

一、基本信息

别名 / 商用名：偶氮二异丁腈；发泡剂 N	
UN 号：3224	CAS 号：78-67-1
分子式：$C_8H_{12}N_4$	分子量：164.21
熔点 / 凝固点：110 ℃	沸点：
闪点：	
自燃温度：	爆炸极限：
GHS 危害标签：	GHS 危害分类：
	• 自反应物质和混合物：C 型
	• 危害水生环境 - 慢性毒性：类别 3
外观及性状：白色透明晶体。不溶于水，溶于乙醇，乙醚、甲苯等。	

二、现场快速检测方法

1. 便携式红外光谱仪：5 mg/L（检测限）。
2. 便携式拉曼光谱仪：2 mg/L（检测限）。

三、危险性

- 危险性类别：4.1 类　易燃固体

- 燃烧及爆炸危险性
  遇明火、高热、摩擦、振动、撞击可能引起激烈燃烧或爆炸。与醇类、酸类、氧化剂、丙酮、醛类和烃类混合有燃烧爆炸危险

- 健康危害
  1. 急性毒性：LD_{50} = 100 mg/kg（大鼠经口），700 mg/kg（小鼠经口）。
  2. 吸入可刺激咽喉，口中有苦味，并可致呕吐和腹痛。

四、个人防护建议（NIOSH）

1. 皮肤：穿防毒服。
2. 眼睛：佩戴合适的眼部防护用品。
3. 呼吸：佩戴防尘面具（全面罩）。
4. 衣物脱除：工作服被弄湿或受到了明显的污染，立即脱除并妥善处置。
5. 设施配备：应配备快速冲淋洗浴设备或眼冲洗设备，以应急使用。

五、应急处置

- 急救措施
  1. 皮肤：如果该化学物质直接接触皮肤，立即用水冲洗污染的皮肤。
  2. 眼睛：提起眼睑，用流动水清洗。就医。
  3. 吸入：迅速脱离现场，至空气新鲜处，保持呼吸道流畅。如有呼吸困难，进行输氧；呼吸心跳停止，立即进行心肺复苏术。就医。
  4. 误服：催吐（仅对清醒病人）。用水冲服活性炭浆。尽快就医。

- 灭火
  小火，用水、泡沫、二氧化碳或干粉灭火器。

- 疏散和隔离（ERG）
  1. 泄漏隔离距离至少为 25 m。如果为大量泄漏，下风向的初始疏散距离应至少为 250 m。
  2. 如果在火场中有储罐、槽车或罐车，周围至少隔离 1600 m；同时考虑四周初始疏散距离 1600 m。

- 现场环境应急（泄漏处置）
  1. 消除所有点火源（禁止吸烟，消除所有明火、火花或火焰）；作业时所有设备应接地；禁止接触或跨越泄漏物。
  2. 禁止直接接触污染物。作业时所有设备应接地。
  3. 确保安全时，关阀、堵漏等以切断泄漏源。
  4. 小量泄漏：用惰性、湿润的不燃材料吸收，使用无火花工具收集于干燥、洁净、有盖的容器中。防止泄漏物进入水体、下水道、地下室或密闭空间。

O

汽油

一、基本信息

别名 / 商用名：	
UN 号：1257	CAS 号：8006-61-9
分子式：	分子量：
熔点 / 凝固点：<-60 ℃	沸点：
闪点：-50 ℃	
自燃温度：415℃~530 ℃	爆炸极限：1.3%~6.0%（体积比）
GHS 危害标签：	GHS 危害分类： • 生殖细胞致突变型 类别 1 • 致癌性：类别 1B
外观及性状：无色或淡黄色易挥发液体，具有特殊臭味。不溶于水，易溶于苯、二硫化碳、醇、脂肪。	

二、现场快速检测方法

便携式柴油气汽油气检测仪（MB817）：0~10000 mg/L（检测范围）。

三、危险性

• 危险性类别：3 类　易燃液体

• 燃烧及爆炸危险性
  1. 高度易燃，蒸气与空气能形成爆炸性混合物，遇明火、高热能引起燃烧爆炸。
  2. 蒸气比空气重，能在较低处扩散到相当远的地方，遇火源会着火回燃。
  3. 流速过快，容易产生和积聚静电。在火场中，受热的容器有爆炸危险。

• 健康危害
  1. 急性毒性：大鼠经口 LD_{50} = 67000 mg/kg(120 号溶剂汽油)，小鼠吸入 LC_{50} = 103000 mg/kg（120 号溶剂汽油）。

| 2. | 汽油为麻醉性毒物，高浓度吸入出现中毒性脑病，极高浓度吸入引起意识突然丧失、反射性呼吸停止。 |
| 3. | 误将汽油吸入呼吸道可引起吸入性肺炎。 |

四、个人防护建议（NIOSH）

1. 皮肤：穿防静电服。
2. 眼睛：佩戴合适的眼部防护用品。
3. 呼吸：戴正压自给式空气呼吸器。
4. 设施配备：应配备快速冲淋洗浴设备或眼冲洗设备，以应急使用。

五、应急处置

- 急救措施
  1. 皮肤：如果该化学物质直接接触皮肤，立即用水冲洗污染的皮肤。
  2. 眼睛：提起眼睑，用流动水清洗。就医。
  3. 吸入：迅速脱离现场，至空气新鲜处，保持呼吸道流畅。如有呼吸困难，进行输氧；呼吸心跳停止，立即进行心肺复苏术。就医。
  4. 误服：立即就医。

- 灭火
  用泡沫、干粉或二氧化碳灭火器。闪点很低，用水灭火无效。

- 疏散和隔离（ERG）
  1. 泄漏隔离距离至少为 100 m。如果为大量泄漏，下风向的初始疏散距离应至少为 800 m。
  2. 火场内如有原油储罐、槽车或罐车，四周隔离 800 m。考虑撤离隔离区的人员、物资；疏散无关人员并划定警戒区；在上风处停留，切勿进入低洼处；进入密闭空间之前必须先通风。

- 现场环境应急（泄漏处置）
  1. 消除所有点火源（禁止吸烟，消除所有明火、火花或火焰）。禁止接触或跨越泄漏物。
  2. 使用防爆的通信工具。
  3. 禁止直接接触污染物。作业时所有设备应接地。
  4. 确保安全时，关阀、堵漏等以切断泄漏源。
  5. 小量泄漏：用砂土或其他不燃材料吸收。使用洁净的无火花工具收集吸收材料。
  6. 大量泄漏：构筑围堤或挖坑收容，用泡沫覆盖，减少蒸发。喷水雾能减少蒸发，但不能降低泄漏物在受限制空间内的易燃性。用防爆泵转移至槽车或专用收集器内。

Q

羟基乙酸

Q

一、基本信息

别名 / 商用名: 乙醇酸	
UN 号: 3261	CAS 号: 79-14-1
分子式: $C_2H_4O_3$	分子量: 76.05
熔点 / 凝固点: 78~79 ℃	沸点: 100 ℃（分解）
闪点:	
自燃温度:	爆炸极限:
GHS 危害标签:	GHS 危害分类: • 急毒性 - 口服: 类别 4 • 皮肤腐蚀 / 刺激: 类别 1B
外观及性状: 无色易潮解的晶体。溶于水，溶于甲醇、乙醇、乙酸乙酯，微溶于乙醚，不溶于烃类。	

二、现场快速检测方法

便携式液相色谱 – 质谱仪: 1~100 mg/L（检测范围）; 1 mg/L（检测限）。

三、危险性

• 危险性类别: 8 类　腐蚀性物质

• 燃烧及爆炸危险性
  1. 可燃、强腐蚀性、刺激性，可致人体灼伤。
  2. 粉体与空气可形成爆炸性混合物，当达到一定浓度时，遇火星会发生爆炸。
  3. 受高热分解，放出刺激性烟气。

• 健康危害
  1. 急性毒性: LD_{50} = 1950 mg/kg（大鼠经口）; LD_{50} = 1920 mg/kg（豚鼠经口）。

2. 对眼睛、皮肤、黏膜和上呼吸道有刺激作用。70% 浓溶液可致眼和皮肤严重灼伤。

四、个人防护建议（NIOSH）

1. 皮肤：穿连衣式胶布防毒服，戴橡胶手套。
2. 呼吸：接触粉尘，必须佩戴全面罩防尘面具。紧急事态抢救或撤离时，应佩戴空气呼吸器。
3. 其他：工作现场禁止吸烟、进食和饮水。工作完毕，淋浴更衣。被毒物污染衣服单独存放、清洗。须定期体检。

五、应急处置

- 急救措施（NIOSH）
  1. 皮肤：脱去污染衣着，流动清水冲洗。就医。
  2. 眼睛：提起眼睑，流动清水或生理盐水彻底冲洗。就医。
  3. 吸入：脱离现场至空气新鲜处，保持呼吸道通畅。如呼吸困难，给输氧；呼吸停止，立即进行人工呼吸。就医。
  4. 误服：用水漱口，给饮牛奶或蛋清，立即就医。

- 灭火
  采用雾状水、泡沫、干粉、二氧化碳灭火器或砂土。

- 疏散和隔离（ERG）
  1. 立即在所有方向上隔离泄漏区至少 25 m。
  2. 如火场有装运的桶罐、罐车发生火灾，在四周隔离 800 m；同时考虑初始撤离距离 800 m。

- 现场环境应急（泄漏处置）
  1. 撤离泄漏污染区人员至安全区；隔离污染区，严格限制出入。切断火源。
  2. 应急处理人员戴全面罩防尘面具，穿防毒工作服。
  3. 小量泄漏：用大量水冲洗，洗水稀释后放入废水系统。
  4. 大量泄漏：收集回收或运至废物处理场所。

- 危险废物处置
  用焚烧法。

Q

氢

一、基本信息

别名 / 商用名: 氢气	
UN 号: 1049	CAS 号: 1333-74-0
分子式: H_2	分子量: 2.01
熔点 / 凝固点: –259.2 ℃	沸点: –252.8 ℃
闪点:	
自燃温度: 400 ℃	爆炸极限: 4.1%~74.1%（体积比）
GHS 危害标签:	GHS 危害分类: • 易燃气体: 类别 1A • 高压气体: 压缩气体
外观及性状: 无色、无臭的气体。不溶于水，不溶于乙醇、乙醚。	

二、现场快速检测方法

GASTEC 氢气检测管: 0.5~20 μL/L（检测范围）; 0.5 μL/L（检测限）。

三、危险性

- 危险性类别: 2.1 类　易燃气体

- 燃烧及爆炸危险性
  1. 极易燃，与空气混合能形成爆炸性混合物，遇热或明火即发生爆炸。
  2. 比空气轻，在室内使用和储存时，漏气上升滞留屋顶不易排出，遇火星会引起爆炸。

- 健康危害
  1. 单纯性窒息性气体。仅在高浓度时，由于空气中氧分压降低才引起缺氧性窒息。
  2. 在很高的分压下，呈现出麻醉作用。

1. 皮肤：穿防静电服。
2. 眼睛：佩戴合适的眼部防护用品。
3. 呼吸：戴正压自给式空气呼吸器。
4. 设施配备：应配备快速冲淋洗浴设备或眼冲洗设备，以应急使用。

五、应急处置

• 急救措施
  1. 皮肤：如未冻伤，立即用肥皂水冲洗。如果冻伤，立即就医。
  2. 眼睛：如未冻伤，立即用水冲洗。如果冻伤，立即就医。
  3. 吸入：迅速脱离现场，至空气新鲜处，保持呼吸道流畅。如有呼吸困难，进行输氧；呼吸心跳停止，立即进行心肺复苏术。就医。
  4. 误服：立即就医。

• 灭火
  可用干粉、二氧化碳、水（雾状水）或泡沫灭火器。

• 疏散和隔离（ERG）
  1. 泄漏隔离距离至少为 100 m。如果为大量泄漏，下风向的初始疏散距离应至少为 800 m。
  2. 火场内如有原油储罐、槽车或罐车，四周隔离 1600 m。考虑撤离隔离区的人员、物资；疏散无关人员并划定警戒区；在上风处停留，切勿进入低洼处；进入密闭空间之前必须先通风。

• 现场环境应急（泄漏处置）
  1. 消除所有点火源（禁止吸烟，消除所有明火、火花或火焰）。禁止接触或跨越泄漏物。
  2. 使用防爆的通信工具。
  3. 禁止直接接触污染物。作业时所有设备应接地。
  4. 确保安全时，关阀、堵漏等以切断泄漏源。

Q

氢碘酸

一、基本信息

别名 / 商用名: 碘化氢	
UN 号: 2197	CAS 号: 10034-85-2
分子式: HI	分子量: 127.91
熔点 / 凝固点: −50.8 ℃（纯品）	沸点: 126.7 ℃（57%）
闪点:	
自燃温度:	爆炸极限:
GHS 危害标签: 	GHS 危害分类: • 高压气体: 压缩气体 • 皮肤腐蚀 / 刺激: 类别 1A • 严重眼损伤 / 眼刺激: 类别 1 • 特定目标器官毒性 - 单次接触 / 呼吸道刺激: 类别 3
外观及性状: 无色至浅黄色有刺激性臭味的液体, 在空气中强烈发烟。溶于水。	

二、现场快速检测方法

1. 碘化氢检测仪（SC-8000）: 0~5 μL/L（检测范围）。
2. 有毒气体探测仪（pGas200-PSED-19s）: 0.7~30 μL/L（检测范围）。

三、危险性

• 危险性类别: 8 类　酸性腐蚀性物质

• 燃烧及爆炸危险性
  不燃, 强腐蚀性、强刺激性, 可致人体灼伤。

• 健康危害
  有强腐蚀作用, 其蒸气或烟雾对眼睛、皮肤、黏膜呼吸道有强烈的刺激作用。有流泪、咽喉痛、咳嗽等, 严重者可发生支气管炎、肺炎、肺水肿等。

Q

四、个人防护建议（NIOSH）

1. 皮肤：穿橡胶耐酸碱服，戴橡胶耐酸碱手套。
2. 呼吸：接触烟雾，佩戴自吸过滤式全面罩防毒面具，或空气呼吸器。紧急事态抢救或撤离，佩戴氧气呼吸器。
3. 其他：工作现场禁止吸烟、进食和饮水。工作完毕，淋浴更衣。被毒物污染衣服单独存放、清洗。须定期体检。

五、应急处置

- 急救措施（NIOSH）
  1. 皮肤：脱去污染衣物，用流动清水或 2% 碳酸氢钠溶液彻底冲洗皮肤。
  2. 眼睛：提起眼睑，用流动清水或生理盐水冲洗。
  3. 吸入：脱离现场至空气新鲜处，保持呼吸道通畅。如呼吸困难，给输氧；呼吸停止，立即进行人工呼吸。
  4. 误服：漱口，给饮牛奶或蛋清。就医。

- 灭火
  用碱性物质如碳酸氢钠、碳酸钠、消石灰等中和。小火可用干燥砂土闷熄。

- 疏散和隔离（ERG）
  1. 立即在所有方向上隔离泄漏区至少 25 m。
  2. 如火场有装运的桶罐、罐车发生火灾，在四周隔离 800 m；同时考虑四周初始撤离距离 800 m。

- 现场环境应急（泄漏处置）
  1. 撤离泄漏污染区人员至安全区；隔离污染区，严格限制出入。切断泄漏源。
  2. 应急处理人员戴自给正压式呼吸器，穿防酸碱工作服。勿直接接触泄漏物。
  3. 小量泄漏：用砂土、干燥石灰或苏打灰混合。也可以用大量水冲洗，洗水稀释后放入废水系统。
  4. 大量泄漏：构筑围堤或挖坑收容。用泵转移至槽车或专用收集器内，回收或运至废物处理场所。

- 危险废物处置
  中和、稀释后，排入废水系统。

Q

氢化钠

一、基本信息

UN 号：1427	CAS 号：7647-69-7
分子式：NaH	分子量：24.00
熔点 / 凝固点：800 ℃（分解）	沸点：
闪点：	
自燃温度：	爆炸极限：
GHS 危害标签：	GHS 危害分类： • 遇水放出易燃气体的物质和混合物：类别 1

外观及性状：白色至淡灰色的细微结晶，以 25%~50% 比例分散在油中。不溶于液氨、苯、二硫化碳、熔融的氢氧化钠。

二、现场快速检测方法

便携式氢化钠检测仪（KP820）：0~10 mg/L，0~20 mg/L，0~100 mg/L（检测范围）。

三、危险性

• 危险性类别：4.3 类　遇湿易燃物

• 燃烧及爆炸危险性
  1. 遇湿易燃，具强刺激性。
  2. 化学反应活性高，在潮湿空气中能自燃。受热或与潮气、酸类接触即放出热量与氢气而引起燃烧和爆炸。
  3. 与氧化剂能发生强烈反应，引起燃烧或爆炸。遇湿气和水分生成氢氧化物，腐蚀性很强。

• 健康危害
  1. 眼和呼吸道：刺激性。
  2. 皮肤：引起灼伤。
  3. 误服：消化道灼伤。

1. 皮肤：穿聚乙烯防毒服，戴橡胶手套。
2. 呼吸：佩戴头罩型电动送风过滤式防尘呼吸器。必要时，佩戴自给式呼吸器。
3. 其他：工作现场严禁吸烟。

五、应急处置

- 急救措施：
  1. 皮肤：流动清水冲洗。就医。
  2. 眼睛：提起眼睑，流动清水或生理盐水彻底冲洗。就医。
  3. 吸入：脱离现场至空气新鲜处。保持呼吸道通畅。如呼吸困难，进行输氧。如呼吸停止，进行人工呼吸。就医。
  4. 误服：用水漱口，给饮牛奶或蛋清。就医。

- 灭火
  禁用水、泡沫、二氧化碳灭火器或卤代烃（如 1211 灭火剂）等灭火。
  只能用金属盖或干燥石墨粉、干燥白云石粉末将火闷熄。

- 疏散和隔离（ERG）
  1. 采取预防措施，大量泄漏时，考虑最初环境条件，下风向至少撤离 300 m。未经授权的人员禁止进入隔离区。
  2. 火场内如有储罐、槽车或罐车，四周隔离 800 m；此外，考虑四周初始疏散距离 800 m。

- 现场环境应急（泄漏处置）
  1. 消除所有点火源（吸烟、明火、火花或火焰）。隔离污染区，限制出入。
  2. 禁止直接接触污染物。确保安全时，关阀、堵漏等以切断泄漏源。用雾状水稀释挥发蒸气。
  3. 应急处理人员戴自给正压式呼吸器，穿防毒服。
  4. 小量泄漏：避免扬尘，使用无火花工具收集于干燥、洁净、有盖的容器中，转移至安全场所。
  5. 大量泄漏：用塑料布、帆布覆盖。与有关技术部门联系，确定清除方法。

- 危险废物处置
  处置前应参阅国家和地方有关法规。逐渐加入无水异丙醇或无水正丁醇内，静置 24 h，经稀释后放入废水系统。

Q

氢氧化钡

别名/商用名：氢氧化钡水合物；氢氧化钡（八水）；八水合氢氧化钡	
UN 号：1564	CAS 号：12230-71-6
分子式：Ba(OH)$_2$	分子量：171.35
熔点/凝固点：408 ℃	沸点：
闪点：	
自燃温度：	爆炸极限：
GHS 危害标签：	GHS 危害分类： • 急毒性 - 口服：类别 4 • 急毒性 - 吸入：类别 4 • 皮肤腐蚀/刺激：类别 1B • 严重眼损伤/眼刺激：类别 1
外观及性状：白色粉末，微溶于水、乙醇，易溶于稀酸。	

示波极谱仪（JP-1A）：0.05 mg/L（检测限）。

• 危险性类别：8 类　腐蚀性物质

• 燃烧及爆炸危险性
不燃，高毒。

• 健康危害
1. 口服：恶心、呕吐、腹痛、腹泻、脉缓、进行性肌麻痹、心律失常、血钾明显降低等。可因心律失常和呼吸麻痹而死亡。
2. 吸入：消化道症状不明显。长期接触，有无力、气促、流涎、口腔黏膜肿胀糜烂、鼻炎、结膜炎、腹泻、心动过速、血压增高、脱发等。

Q

1. 皮肤：穿橡胶耐酸碱手套，戴橡胶耐酸碱手套。
2. 呼吸：接触粉尘，佩戴头罩型电动送风过滤式防尘呼吸器。紧急事态抢救或撤离时，佩戴空气呼吸器。
3. 其他：工作现场禁止吸烟、进食和饮水。工作完毕，淋浴更衣。被毒物污染衣服单独存放、清洗。须定期体检。

五、应急处置

- 急救措施（NIOSH）
  1. 皮肤：脱去污染衣着，用肥皂水和清水彻底冲洗皮肤。
  2. 眼睛：提起眼睑，用流动清水或生理盐水冲洗。就医。
  3. 吸入：脱离现场至空气新鲜处，保持呼吸道通畅。如呼吸困难，给输氧；呼吸停止，立即进行人工呼吸。
  4. 误服：饮足量温水，催吐。用2%~5%硫酸钠溶液洗胃，导泻。就医。

- 灭火
  水、砂土。

- 疏散和隔离（ERG）
  1. 立即在所有方向上隔离泄漏区至少25 m。
  2. 如火场有装运的桶罐、罐车发生火灾，在四周隔离800 m；同时考虑初始撤离距离800 m。

- 现场环境应急（泄漏处置）
  1. 撤离泄漏污染区人员至安全区；隔离污染区，严格限制出入。
  2. 应急处理人员戴全面罩防尘面具，穿防酸碱工作服。勿直接接触泄漏物。
  3. 小量泄漏：避免扬尘，用洁净的铲子收集于干燥、洁净、有盖的容器中。
  4. 大量泄漏：用塑料布、帆布覆盖。收集回收或运至废物处理场所处置。

- 危险废物处置
  处置前应参阅国家和地方有关法规。中和后，用安全掩埋法处置。

Q

氢氧化钾

一、基本信息

别名 / 商用名: 苛性钾; 氢氧化钾（液体）

UN 号: 1813	CAS 号: 1310-58-3
分子式: KOH	分子量: 56.11
熔点 / 凝固点: 360.4 ℃	沸点: 1320 ℃
闪点:	
自燃温度:	爆炸极限:

GHS 危害标签:	GHS 危害分类:
	• 皮肤腐蚀 / 刺激: 类别 1A • 严重眼损伤 / 眼刺激: 类别 1

外观及性状: 白色晶体，易潮解。溶于水、乙醇，微溶于醚。

二、现场快速检测方法

氢氧化钾测试条（德国进口 MN）: 0~15 mmol/L，0~50 mmol/L，0~75 mmol/L，0~130 mmol/L，0~200 mmol/L（检测范围）。

三、危险性

• **危险性类别**: 8.2 类　碱性腐蚀品

• **燃烧及爆炸危险性**
  1. 不燃，具强腐蚀性、强刺激性，可致人体灼伤。
  2. 与酸发生中和反应并放热。
  3. 遇水和水蒸气大量放热，形成腐蚀性溶液。具有强腐蚀性。可能产生有害的毒性烟雾。

• **健康危害**
  1. 急性毒性: LD_{50} = 273 mg/kg（大鼠经口）。
  2. 眼和呼吸道: 有刺激性，会腐蚀鼻中隔。
  3. 皮肤和眼: 直接接触可引起灼伤。
  4. 误服: 造成消化道灼伤，黏膜糜烂、出血、休克。

Q

1. 皮肤：穿橡胶耐酸碱服，戴橡胶耐酸碱手套。
2. 呼吸：接触粉尘，佩戴头罩型电动送风过滤式防尘呼吸器。必要时，佩戴空气呼吸器。
3. 其他：工作现场禁止吸烟、进食和饮水。工作完毕，淋浴更衣。被毒物污染的衣服单独存放和清洗。

五、应急处置

- 急救措施（NIOSH）
  1. 皮肤：脱去污染衣着，流动清水冲洗，就医。
  2. 眼睛：提起眼睑，流动清水或生理盐水彻底冲洗。就医。
  3. 吸入：脱离现场至空气新鲜处，保持呼吸道通畅。如呼吸困难，给输氧；呼吸停止，立即进行人工呼吸。就医。
  4. 误服：用水漱口，给饮牛奶或蛋清。就医。

- 灭火
  不燃，根据着火原因选择适当灭火剂灭火。

- 疏散和隔离（ERG）
  1. 立即在所有方向上隔离泄漏区至少 25 m。
  2. 火场内，如有装运的桶罐或罐车发生火灾，在四周隔离 800 m；同时考虑四周初始疏散距离为 800 m。

- 现场环境应急（泄漏处置）
  1. 撤离泄漏污染区人员至安全区；隔离污染区，严格限制出入。
  2. 应急处理人员戴全面罩防尘面具，穿防酸碱工作服。勿直接接触泄漏物。
  3. 小量泄漏：用洁净的铲子收集于干燥、洁净、有盖的容器中。也可以用大量水冲洗，洗水稀释后放入废水系统。
  4. 大量泄漏：收集回收或运至废物处理场所。

- 危险废物处置
  处置前应参阅国家和地方有关法规。中和、稀释后，排入废水系统。

Q

氰化钠

一、基本信息

别名/商用名: 氢氰酸钠；山柰；山柰钠；山柰奶；山埃钠	
UN号: 1689	CAS号: 143-33-9
分子式: NaCN	分子量: 49.02
熔点/凝固点: 563.7 ℃	沸点: 1496 ℃
闪点:	
自燃温度:	爆炸极限:
GHS危害标签:	GHS危害分类: • 急毒性-口服: 类别2 • 急毒性-皮肤: 类别1 • 严重眼损伤/眼刺激: 类别2A • 生殖毒性: 类别2 • 特定目标器官毒性-重复接触: 类别1 • 危害水生环境-急性毒性: 类别1 • 危害水生环境-慢性毒性: 类别1
外观及性状: 白色或灰粉状晶体，有微弱氰化氢气味。易溶于水，微溶于液氨、乙醇、乙醚、苯。	

二、现场快速检测方法

1. 氰化钠检测试纸: 0~1 mg/L，0~3 mg/L，0~10 mg/L，0~30 mg/L（检测范围）。
2. 氰化物测定仪（GDYS-102SQ）: 0~1 mg/L（检测范围）; 0.03 mg/L（检测限）。
3. 便携式多参数水质检测仪: 0.1~1 mg/L（检测范围）。

三、危险性

• 危险性类别: 6.1类　毒害性物质

• 燃烧及爆炸危险性
本品不燃。

- 健康危害
  1. 急性毒性：LD_{50} = 300 mg/kg（兔经皮），6.4 mg/kg（大鼠经口）。
  2. 口服 50~100 mg 即可引起猝死。
  3. 吸入、口服或经皮吸收均可引起急性中毒。中毒后出现皮肤黏膜呈鲜红色、呼吸困难、血压下降、全身强直性痉挛、意识障碍等。

四、个人防护建议（NIOSH）

1. 皮肤：穿防毒服。
2. 眼睛：佩戴合适的眼部防护用品。
3. 呼吸：戴防尘口罩。
4. 设施配备：应配备快速冲淋洗浴设备或眼冲洗设备，以应急使用。

五、应急处置

- 急救措施
  1. 皮肤：如果该化学物质直接接触皮肤，立即用水冲洗污染的皮肤。
  2. 眼睛：提起眼睑，用流动水清洗。就医。
  3. 吸入：迅速脱离现场，至空气新鲜处，保持呼吸道流畅。如有呼吸困难，进行输氧；呼吸心跳停止，立即进行心肺复苏术。就医。
  4. 误服：立即就医。

- 灭火
  不燃，根据着火原因选择灭火剂灭火。

- 疏散和隔离（ERG）
  1. 污染范围不明的情况下，初始距离至少 25 m，下风向疏散至少 100 m。如果溶液发生泄漏，初始距离至少 50 m，下风向疏散至少 300 m。如果泄漏到水中，初始距离至少 100 m，下风向疏散至少 800 m。
  2. 火场内如有原油储罐、槽车或罐车，四周隔离 800 m。考虑撤离隔离区的人员、物资；疏散无关人员并划定警戒区；在上风处停留，切勿进入低洼处；进入密闭空间之前必须先通风。

- 现场环境应急（泄漏处置）
  小量泄漏：用干燥的砂土或其他不燃材料覆盖泄漏物，然后用塑料布覆盖，减少飞散、避免雨淋。用洁净的铲子收集泄漏物，置于干净、干燥、盖子较松的容器中，将容器移离泄漏区。

Q

氰化氢

一、基本信息

别名 / 商用名：氢氰酸	
UN 号：1614	CAS 号：74-90-8
分子式：HCN	分子量：27.03
熔点 / 凝固点：−13.2 ℃	沸点：25.7 ℃
闪点：−17.8 ℃	
自燃温度：538 ℃	爆炸极限：5.6%~40.0%（体积比）
GHS 危害标签： 	GHS 危害分类： • 易燃液体：分类 1 • 急性毒性 - 吸入：分类 2 • 危害水生环境 - 急性毒性：分类 1 • 危害水生环境 - 慢期毒性：分类 1
外观及性状：无色液体或气体，有苦杏仁味。溶于水、醇、醚等。	

二、现场快速检测方法

1. GASTEC 氰化氢检测管（12M）：17~2400 μL/L（检测范围）。
2. GASTEC 氰化氢检测管（12L）：0.36~120 μL/L（检测范围）。
3. GASTEC 氰化氢检测管（12LL）：0.2~7 μL/L（检测范围）。
4. GASTEC 氰化氢检测管（12D）：1~200 μL/L（检测范围）。

三、危险性

Q

• 危险性类别：2.3 类　有毒气体

• 　燃烧及爆炸危险性
1. 极易燃。
2. 其蒸气与空气形成范围广泛的爆炸性混合物，遇明火或高热能引起燃烧爆炸。
3. 长期放置则因水分而聚合，聚合物本身有自催化作用，可引起爆炸。

• 健康危害
1. **急性毒性**：LD$_{50}$ = 3700 μg/kg（大鼠经口），810 μg/kg（大鼠静脉）。
2. 吸入口内有苦杏仁味，口舌发麻，紧接着头痛、胸闷、呼吸困难、身体不支、意志消失、强直性痉挛，最后全身麻痹以至死亡。
3. 可致眼、皮肤灼伤。

1. 皮肤：穿防毒、防静电服。
2. 眼睛：佩戴合适的眼部防护用品。
3. 呼吸：佩戴正压自给式空气呼吸器。
4. 衣物脱除：工作服被可燃性物质浸湿，应当立即脱除并妥善处置。
5. 设施配备：应配备快速冲淋洗浴设备或眼冲洗设备，以应急使用。

- 急救措施
1. 皮肤：直接接触皮肤，应立即用水冲洗污染的皮肤。
2. 眼睛：提起眼睑，用流动水清洗。就医。
3. 吸入：迅速脱离现场，至空气新鲜处，保持呼吸道流畅。如有呼吸困难，进行输氧；呼吸心跳停止，立即进行心肺复苏术。就医。
4. 误服：立即就医。

- 灭火
  用干粉、抗溶性泡沫或二氧化碳灭火器。

- 疏散和隔离（ERG）
1. 当作为无水稳定的氰化氢时：小量泄漏，初始隔离 60 m，下风向疏散白天 200 m、夜晚 600 m；大量泄漏，初始隔离 400 m，下风向疏散白天 600 m、夜晚 4100 m。
2. 当在氰化氢含量小于 45% 的乙醇溶液中时：小量泄漏，初始隔离 30 m，下风向疏散白天 100 m、夜晚 300 m；大量泄漏，初始隔离 200 m，下风向疏散白天 500 m、夜晚 1900 m。
3. 当作为稳定的氰化氢（被吸收的）时：小量泄漏，初始隔离、60 m，下风向疏散白天 200 m、夜晚 600 m；大量泄漏，初始隔离 150 m，下风向疏散白天 600 m、夜晚 1700 m。

- 现场环境应急（泄漏处置）
1. 消除所有点火源（禁止吸烟，消除所有明火、火花或火焰）。禁止接触或跨越泄漏物。
2. 使用防爆的通信工具。作业时所有设备应接地。
3. 禁止直接接触污染物。
4. 确保安全时，关阀、堵漏等以切断泄漏源。
5. 加入过量次氯酸钠或漂白粉，放置 24 h，确认氰化物全部分解，稀释后放入废水系统。污染区次氯酸钠溶液或漂白粉浸泡 24 h 后，用大量冲洗，洗水放入废水系统统一处理。对 HCN 则应将气体送至通风橱或将气体导入碳酸钠溶液中，加等量的次氯酸钠，以 6 mol/L NaOH 中和，污水放入废水系统统一处理。

- 危险废物处置
  废弃物放入碱性介质中，通氯气或加次氯酸盐使之转化成氨气和二氧化碳。还可以采用控制焚烧法把氰化物完全破坏。氨氧化过程的废气中含有可回收的氢氰酸。

Q

氰乙酸

一、基本信息

别名/商用名：氰基醋酸	
UN 号：3265	CAS 号：372-09-8
分子式：$C_3H_3NO_2$	分子量：85.06
熔点/凝固点：66 ℃	沸点：108 ℃（2.0 kPa）
闪点：107 ℃	
自燃温度：	爆炸极限：
GHS 危害标签：	GHS 危害分类： • 皮肤腐蚀/刺激：类别 1B • 严重眼损伤/眼刺激：类别 1
外观及性状：白色结晶，溶于水、乙醇、乙醚，微溶于乙酸、氯仿。	

二、现场快速检测方法

1. 检气管：0.05~0.5 mg/L（检测范围）; 0.01 mg/L（检测限）。
2. 便携式气相色谱-质谱仪：0~30 mg/L（检测范围）。

三、危险性

• 危险性类别：8 类　腐蚀性物质

• 燃烧及爆炸危险性
可燃，有毒，具刺激性。

• 健康危害
1. 急性毒性：LD_{50} = 1500 mg/kg（大鼠经口）。
2. 刺激性，可造成严重皮肤灼伤和眼灼伤。

1. 皮肤：穿聚乙烯防毒服，戴橡胶手套。
2. 眼睛：戴化学安全防护眼镜。
3. 呼吸：佩戴自吸过滤式半面罩防毒面具。紧急事态抢救或撤离时，须佩戴自给式呼吸器。
4. 其他：工作现场禁止吸烟、进食和饮水。工作完毕，淋浴更衣。被毒物污染衣服单独存放、清洗。须定期体检。

五、应急处置

- 急救措施（NIOSH）
  1. 皮肤：脱去污染衣着，用肥皂水和清水彻底冲洗皮肤。
  2. 眼睛：提起眼睑，用流动清水或生理盐水冲洗。
  3. 吸入：脱离现场至空气新鲜处，保持呼吸道通畅。如呼吸困难，给输氧；呼吸停止，立即进行人工呼吸。就医。
  4. 误服：饮足量温水，催吐。就医。

- 灭火
  用干粉或二氧化碳灭火器。禁止使用酸碱灭火剂。

- 疏散和隔离（ERG）
  1. 立即在所有方向上隔离泄漏区至少 25 m。
  2. 如火场中有装运的桶罐、罐车发生火灾，在四周隔离 800 m；同时考虑四周初始撤离距离 800 m。

- 现场环境应急（泄漏处置）
  1. 撤离泄漏污染区人员至安全区；隔离污染区，严格限制出入。切断火源。
  2. 应急处理人员戴全面罩防尘面具，穿防毒工作服。
  3. 小量泄漏：用洁净的铲子收集于干燥、洁净、有盖的容器中。
  4. 大量泄漏：收集回收或运至废物处理场所。

- 危险废物处置
  处置前应参阅国家和地方有关法规。用焚烧法。焚烧炉排出的氮氧化物通过洗涤器除去。

Q

氰乙酸乙酯

一、基本信息

别名 / 商用名:	氰基醋酸乙酯; 氰基乙酸乙酯
UN 号:	CAS 号: 105-56-6
分子式: $C_5H_7NO_2$	分子量: 113.12
熔点 / 凝固点: –22.5 ℃	沸点: 206~208℃
闪点: 110 ℃	
自燃温度: 555 ℃	爆炸极限:
GHS 危害标签:	GHS 危害分类: • 皮肤腐蚀 / 刺激: 类别 2 • 严重眼损伤 / 眼刺激: 类别 2A • 特定目标器官毒性 - 单次接触 / 呼吸道刺激: 类别 3
外观及性状: 无色液体, 略有气味。微溶于水、碱液、氨水, 可混溶于乙醇、乙醚。	

二、现场快速检测方法

检气管（111U）: 10~1000 mg/L（检测范围）。

三、危险性

• 危险性类别: 6.1 类 毒性物质

• 燃烧及爆炸危险性
  1. 可燃, 有毒。遇明火能燃烧。
  2. 受高热或与酸接触会产生剧毒的氰化物气体。
  3. 与强氧化剂接触可发生化学反应。
  4. 遇水或水蒸气反应放出有毒和易燃的气体。

• 健康危害
  1. 急性毒性: LD_{50} = 400~3200 mg/kg（大鼠经口）; LC_{50} = 550 mg/m³（2 h, 大鼠吸入）。
  2. 低浓度: 实验动物有呼吸急促、流泪、嗜睡、精神萎靡、反应迟钝; 高浓度: 出现呼吸困难, 侧卧, 眼球突出, 甚至痉挛, 死亡。
  3. 可经皮吸收引起中毒死亡。

Q

1. 皮肤：穿聚乙烯防毒服，戴橡胶耐油手套。
2. 眼睛：戴安全防护眼镜。
3. 呼吸：接触蒸气，佩戴自吸过滤式半面罩防毒面具。紧急事态抢救或撤离时，佩戴自给式呼吸器。
4. 其他：工作现场禁止吸烟、进食和饮水。工作完毕，淋浴更衣。被毒物污染衣服单独存放、清洗。

五、应急处置

- 急救措施（NIOSH）
  1. 皮肤：脱去污染衣着，用流动清水或 5% 硫代硫酸钠溶液彻底冲洗。就医。
  2. 眼睛：提起眼睑，流动清水或生理盐水冲洗。就医。
  3. 吸入：脱离现场至空气新鲜处。保持呼吸道通畅。如呼吸困难，给输氧；呼吸心跳停止，立即进行人工呼吸（勿用口对口）和胸外心脏按压术。给吸入亚硝酸异戊酯。就医。
  4. 误服：饮足量温水，催吐。用 1∶5000 高锰酸钾或 5% 硫代硫酸钠溶液洗胃。就医。

- 灭火
  干粉或二氧化碳灭火器。禁止用水、泡沫和酸碱灭火剂灭火。

- 疏散和隔离（ERG）
  1. 立即在所有方向上隔离泄漏区至少 50 m。
  2. 如火车有装运的桶罐、罐车发生火灾，在四周隔离 80 m；同时考虑四周初始撤离距离 800 m。

- 现场环境应急（泄漏处置）
  1. 撤离泄漏污染区人员至安全区；隔离污染区，严格限制出入。切断火源。
  2. 应急处理人员戴自给正压式呼吸器，穿防毒服。不要直接接触泄漏物。
  3. 尽可能切断泄漏源。防止流入下水道、排洪沟等限制性空间。
  4. 小量泄漏：用砂土或其他不燃材料吸附或吸收。
  5. 大量泄漏：构筑围堤或挖坑收容。用泵转移至槽车或专用收集器内，回收或运至废物处理场所。

- 危险废物处置
  用焚烧法。焚烧炉排出的氮氧化物通过洗涤器除去。

Q

三氟化氮

一、基本信息

别名 / 商用名：氟化氮	
UN 号：2451	CAS 号：7783-54-2
分子式：NF_3	分子量：70.01
熔点 / 凝固点：−208.5 ℃	沸点：−129 ℃
闪点：	
自燃温度：	爆炸极限：
GHS 危害标签： 	GHS 危害分类： • 氧化性气体：类别 1 • 化学不稳定性特定目标器官毒性 - 重复接触：类别 2 • 高压气体：压缩气体
外观及性状：无色、带霉味的气体。不溶于水。	

二、现场快速检测方法

1. 便携式三氟化氮检测仪（MS500）：0~100 μL/L，0~1000 μL/L，0~2000 μL/L，0~10000 μL/L（检测范围）。
2. 便携式红外光谱气体分析仪（MIRAN-205B SeriesSapphIRe）：0.04 μL/L（检测限）。
3. 便携式气相色谱仪。

三、危险性

• 危险性类别：2.3 类　有毒气体

• 燃烧及爆炸危险性
 1. 助燃，有毒。强氧化剂。受热或与火焰、电火花、有机物等接触能燃烧，甚至爆炸。
 2. 与易燃物（如苯）和可燃物（如糖、纤维素等）接触会发生剧烈反应，甚至引起燃烧。
 3. 与还原剂能发生强烈反应，引起燃烧爆炸。

- 健康危害
  尚未见职业性中毒报道。

1. 皮肤：穿防毒物渗透工作服，戴橡胶手套。
2. 眼睛：戴化学安全防护眼镜。
3. 呼吸：浓度较高，应佩戴自吸过滤式半面罩防毒面具。
4. 其他：工作现场严禁吸烟。

- 急救措施（NIOSH）
  1. 脱离现场至空气新鲜处。保持呼吸道通畅。
  2. 如呼吸困难，进行输氧；呼吸停止，立即进行人工呼吸。就医。

- 灭火
  用雾状水、干粉、二氧化碳或泡沫灭火器。

- 疏散和隔离（ERG）
  1. 大量泄漏时，考虑最初环境条件，下风向至少撤离 500 m。未经授权的人员禁止进入隔离区。
  2. 火场内如有储罐、槽车或罐车，四周隔离 800 m；此外，考虑四周初始疏散距离 800 m。

- 现场环境应急（泄漏处置）
  1. 可燃物远离泄漏物（木材、纸、油等）。不要直接接触泄漏物。确保安全时，关阀、堵漏等以切断泄漏源。构筑围堤或挖沟收容泄漏物，防止进入水体、下水道、地下室或限制性空间。
  2. 用雾状水稀释挥发蒸气，禁止用直流水冲击泄漏物。允许物质蒸发。隔离污染区域，直到气体完全挥发。

S

三氟化硼

一、基本信息

别名 / 商用名：氟化硼	
UN 号：1008	CAS 号：7637-07-2
分子式：BF_3	分子量：67.81
熔点 / 凝固点：−126.8 ℃	沸点：−100 ℃
闪点：	
自燃温度：	爆炸极限：
GHS 危害标签： 	GHS 危害分类： • 高压气体：压缩气体 • 皮肤腐蚀 / 刺激：类别 1A • 严重眼损伤 / 眼刺激：类别 1 • 急毒性 - 吸入：类别 2
外观及性状：无色气体，有窒息性，在潮湿空气中可产生浓密白烟。溶于冷水。	

二、现场快速检测方法

1. 便携式三氟化硼检测仪（JSA8-BF_3）: 0 ~ 10 μL/L（检测范围）。
2. 固定式三氟化硼报警器（Gon660-BF_3-300）: 0~5 μL/L，0~10 μL/L，0~50 μL/L，0~100 μL/L，0~500 μL/L，0~1000 μL/L（检测范围）。
3. 便携式三氟化硼检测仪（AKBT-BF_3）: 0~10 μL/L，0~50 μL/L，0~100 μL/L，0~1000 μL/L（检测范围）。

三、危险性

• 危险性类别：2.3 类　有毒气体

• 燃烧及爆炸危险性
  1. 本品不燃。
  2. 遇水发生爆炸性分解产生有毒的腐蚀性气体。受热后容器或瓶罐内压力增大，有开裂和爆炸性的危险泄漏物质可导致中毒。

• 健康危害
  1. 急性毒性：$LC_{50} = 1180\,mg/m^3$（4 h，大鼠吸入）; $LC_{50} = 3460\,mg/m^3$

（2 h，小鼠吸入）。
2. 急性中毒主要症状表现为干咳、气急、胸闷、胸部紧迫感，部分患者出现恶心、食欲减退、流涎；吸入量多时，有震颤及抽搐，亦可引起肺炎。
3. 皮肤接触可致灼伤。

四、个人防护建议（NIOSH）

1. 皮肤：穿内置正压自给式空气呼吸器的全封闭防化服。
2. 眼睛：佩戴合适的眼部防护用品。
3. 呼吸：戴正压自给式空气呼吸器。
4. 设施配备：应配备快速冲淋洗浴设备或眼冲洗设备，以应急使用。

五、应急处置

• 急救措施
1. 皮肤：如果该化学物质直接接触皮肤，立即用水冲洗污染的皮肤。
2. 眼睛：提起眼睑，用流动水清洗。就医。
3. 吸入：迅速脱离现场，至空气新鲜处，保持呼吸道流畅。如有呼吸困难，进行输氧；呼吸心跳停止，立即进行心肺复苏术。就医。
4. 误服：立即就医。

• 灭火
本品不燃，消防人员必须穿全身防火防毒服。用二氧化碳或干粉灭火器。禁止用水、泡沫、酸碱灭火器。

• 疏散和隔离（ERG）
1. 小量泄漏，初始隔离 30 m，下风向疏散白天 100 m、夜晚 600 m；大量泄漏，初始隔离 300 m，下风向疏散白天 1900 m、夜晚 4800 m。
2. 火场内如有储罐、槽车或罐车，四周隔离 1600 m。考虑初始撤离 1600 m。

• 现场环境应急（泄漏处置）
1. 消除所有点火源（禁止吸烟，消除所有明火、火花或火焰）。禁止接触或跨越泄漏物。
2. 使用防爆的通信工具。
3. 禁止直接接触污染物。作业时所有设备应接地。
4. 确保安全时，关阀、堵漏等以切断泄漏源。

S

三氯化磷

一、基本信息

别名 / 商用名：氯化磷	
UN 号：1809	CAS 号：7719-12-2
分子式：PCl_3	分子量：137.34
熔点 / 凝固点：−111.8 ℃	沸点：74.2 ℃
闪点：	
自燃温度：	爆炸极限：
GHS 危害标签：	GHS 危害分类：

GHS 危害分类：
- 急毒性 - 口服：类别 2
- 皮肤腐蚀 / 刺激：类别 1A
- 严重眼损伤 / 眼刺激：类别 1
- 急毒性 - 吸入：类别 2
- 特定目标器官毒性 - 重复接触：类别 2

外观及性状：无色澄清液体，在潮湿空气中发烟。置于潮湿空气中能水解成亚磷酸和氯化氢。

二、现场快速检测方法

便携式三氯化磷检测仪（JSA8-PCL₃）：0~20 mg/L，0~100 mg/L，0~200 mg/L（检测范围）。

三、危险性

- 危险性类别：8.1 类　酸性腐蚀性物质

- 燃烧及爆炸危险性
  1. 本品不燃。
  2. 遇水猛烈分解，产生大量的热和氯化氢烟雾，甚至爆炸。

- 健康危害
  1. 急性毒性：LD_{50} = 18 mg/kg（大鼠经口）；LC_{50} = 104 mg/L（4 h，大鼠吸入）。
  2. 本品有毒，对眼睛、呼吸道黏膜有强烈的刺激作用。
  3. 液体或较浓的气体可引起皮肤灼伤。
  4. 急性中毒引起结膜炎、支气管炎、肺炎和肺水肿。

S

四、个人防护建议（NIOSH）

1. 皮肤：穿耐酸碱消防服。
2. 眼睛：佩戴合适的眼部防护用品。
3. 呼吸：戴正压自给式空气呼吸器。
4. 设施配备：应配备快速冲淋洗浴设备或眼冲洗设备，以应急使用。

五、应急处置

- 急救措施
  1. 皮肤：如果该化学物质直接接触皮肤，立即用水冲洗污染的皮肤。
  2. 眼睛：提起眼睑，用流动水清洗。就医。
  3. 吸入：迅速脱离现场，至空气新鲜处，保持呼吸道流畅。如有呼吸困难，进行输氧；呼吸心跳停止，立即进行心肺复苏术。就医。
  4. 误服：立即就医。

- 灭火
  用干粉、二氧化碳灭火器或干燥砂土。禁止用水。

- 疏散和隔离（ERG）
  1. 小量泄漏，初始隔离 30 m，下风向疏散白天 200 m、夜晚 700 m；大量泄漏，初始隔离 150 m，下风向疏散白天 1500 m、夜晚 3000 m。在水体中泄漏时：小量泄漏，初始隔离 30 m，下风向疏散白天 100 m、夜晚 400 m；大量泄漏，初始隔离 60 m，下风向疏散白天 800 m、夜晚 2800 m。
  2. 火场内如有原油储罐、槽车或罐车，四周隔离 800 m。考虑撤离隔离区的人员、物资；疏散无关人员并划定警戒区；在上风处停留，切勿进入低洼处；进入密闭空间之前必须先通风。

- 现场环境应急（泄漏处置）
  1. 消除所有点火源（禁止吸烟，消除所有明火、火花或火焰）。禁止接触或跨越泄漏物。
  2. 使用防爆的通信工具。
  3. 禁止直接接触污染物。作业时所有设备应接地。
  4. 确保安全时，关阀、堵漏等以切断泄漏源。
  5. 小量泄漏：用干燥的砂土或其他不燃材料覆盖泄漏物，用洁净的无火花工具收集泄漏物，置于一盖子较松的塑料容器中。
  6. 大量泄漏：构筑围堤或挖坑收容。用石灰粉吸收大量液体。用耐腐蚀泵转移至槽车或专用收集器内。

- 危险废物处置
  废用水分解后，生成磷酸和盐酸，用碱中和，在用水冲稀，排入下水道。

S

三氯甲烷

一、基本信息

别名 / 商用名：氯仿	
UN 号：1888	CAS 号：67-66-3
分子式：$CHCl_3$	分子量：119.39
熔点 / 凝固点：–63.5 ℃	沸点：61.3 ℃
闪点：	
自燃温度：	爆炸极限：
GHS 危害标签： 	GHS 危害分类： • 皮肤腐蚀 / 刺激：类别 2 • 严重眼损伤 / 眼刺激：类别 2A • 急毒性 - 吸入：类别 3 • 致癌性：类别 2 • 生殖毒性：类别 2 • 特定目标器官毒性 - 重复接触：类别 1
外观及性状：无色透明液体，极易挥发，有特殊香甜味。	

二、现场快速检测方法

手持式三氯甲烷分析仪（GT901-CHCl$_3$）：0~20 mg/L，0~100 mg/L，0~200 mg/L，0~1000 mg/L，0~3000 mg/L（检测范围）。

三、危险性

• 危险性类别：6.1 类　毒性物质

• 燃烧及爆炸危险性
  一般不燃，但长期暴露于明火和高温环境下也能燃烧。

• 健康危害
  1. 急性毒性：LD_{50} = 908 mg/kg（大鼠经口）；LC_{50} = 47702 mg/m^3。
  2. 吸入或经皮肤吸收引起急性中毒，初期有头痛、头晕、恶心、呕吐、兴奋、皮肤黏膜有刺激症状，以后呈现精神紊乱、呼吸表浅、反向消失、昏迷等。
  3. 误服中毒时，胃有烧灼感、伴恶心、呕吐、腹痛、腹泻以后出现麻醉症状。

四、个人防护建议（NIOSH）

1. 皮肤：穿全身防火防毒服。
2. 眼睛：佩戴合适的眼部防护用品。
3. 呼吸：佩戴过滤式防毒面具（全面罩）或隔离式呼吸器。

| 4. 衣服：工作服被弄湿或受到了明显的污染，立即脱除并妥善处置。 |
| 5. 设施配备：应配备快速冲淋洗浴设备或眼冲洗设备，以应急使用。 |

五、应急处置

- 急救措施
  1. 皮肤：如果该化学物质直接接触皮肤，立即用水冲洗污染的皮肤。
  2. 眼睛：提起眼睑，用流动水清洗。就医。
  3. 吸入：迅速脱离现场，至空气新鲜处，保持呼吸道流畅。如呼吸困难，给输氧；呼吸心跳停止，立即进行心肺复苏术。就医。
  4. 误服：立即就医。

- 灭火
  用雾状水、二氧化碳灭火器或砂土。

- 疏散和隔离（ERG）
  1. 泄漏隔离距离至少为 50 m。如果为大量泄漏，在初始隔离距离的基础上加大下风向的疏散距离。
  2. 火场内如有储罐、槽车或罐车，四周隔离 800 m。考虑初始撤离 800 m。

- 现场环境应急（泄漏处置）
  1. 消除所有点火源（禁止吸烟，消除所有明火、火花或火焰）；作业时所有设备应接地；禁止接触或跨越泄漏物。
  2. 禁止直接接触污染物。作业时所有设备应接地。
  3. 确保安全时，关阀、堵漏等以切断泄漏源。
  4. ①发生在地面上的污染事故及处置技术主要有：
     第一，迅速用土、沙子或其他可以取到的材料筑成坝以阻止液体的流动，特别要防止其流入附近的水体中，用土壤将其覆盖并将其吸收。也可在其流动的下方向挖坑，将其收集在坑内以防扩散，再将液体收集到合适的容器中。
     第二，处理过程中不要用铁器（如铁勺、铁容器、铁铲等），因为铁有助于三氯甲烷分解生成毒性更大的光气。操作人员在处理过程中应戴上防毒面具或其他防护设备。
     ②当三氯甲烷液体进入水体后，应切断受污染水域与其他水域的通道，或开沟使其流向另一水体（如排污渠）等。污染的水体最简便易行的处理方法是使用曝气法，使其迅速从水体中逸散到大气中。另外，处理土壤的几种方法也可酌情使用。

- 危险废物处置
  废弃物用焚烧法。废料同其他燃料混合后焚烧，燃烧要充分，防止产生光气。焚烧炉排气中的卤化氢通过酸洗涤器除去（可能的话，应考虑氯仿的回收使用）。

S

199

三氯氢硅

一、基本信息

别名 / 商用名：三氯硅烷；硅仿	
UN 号：1295	CAS 号：10025-78-2
分子式：HCl_3Si	分子量：135.44
熔点 / 凝固点：−134 ℃	沸点：31.8 ℃
闪点：−13.9 ℃	
自燃温度：185 ℃	爆炸极限：1.2%~ 90.5%（体积分数）
GHS 危害标签：	GHS 危害分类： • 皮肤腐蚀 / 刺激：类别 1A • 严重眼损伤 / 眼刺激：类别 1 • 发火液体：类别 1 • 特定目标器官毒性 - 单次接触（呼吸道刺激）：类别 3
外观及性状：无色液体，极易挥发。	

二、现场快速检测方法

1. 便携式三氯氢硅检测仪：0~20 mg/L，0~100 mg/L，0~200 mg/L（检测范围）；0.1 mg/L（检测限）。
2. 便携式气相色谱仪。

三、危险性

• 危险性类别：4.3 类　遇湿易燃物质

• 燃烧及爆炸危险性
　　易燃，具强腐蚀性、强刺激性，可致人体灼伤，对眼及上呼吸道黏膜有刺激性。

• 健康危害
1. 急性毒性：LD_{50} = 1030 mg/kg（大鼠经口）；LC_{50} = 1500 mg/m^3（2 h，小鼠吸入）。
2. 眼和呼吸道黏膜：强烈刺激作用。高浓度下，引起角膜混浊、呼吸道炎症，甚至肺水肿。并可伴有头昏、头痛、乏力、恶心、呕吐、心慌等症状。

S

3. 皮肤：可引起坏死，溃疡长期不愈。

四、个人防护建议（NIOSH）

1. 皮肤：穿胶布防毒衣，戴橡胶手套。
2. 呼吸：浓度超标，应佩戴自吸过滤式全面罩防毒面具。紧急事态抢救或撤离时，佩戴自给式呼吸器。
3. 其他：工作现场禁止吸烟、进食和饮水。工作完毕，淋浴更衣。

五、应急处置

- 急救措施（NIOSH）
  1. 皮肤：脱去污染的衣着，流动清水冲洗。就医。
  2. 眼睛：提起眼睑，流动清水或生理盐水彻底冲洗。就医。
  3. 吸入：脱离现场至空气新鲜处。保持呼吸道通畅。如呼吸困难，给输氧；呼吸停止，立即进行人工呼吸。就医。
  4. 误服：用水漱口，给饮牛奶或蛋清。就医。

- 灭火
  用干粉灭火器或干砂。**切忌使用水、泡沫、二氧化碳、酸碱灭火剂。**

- 疏散和隔离（ERG）
  1. 隔离泄漏或泄漏区域至少 50 m，液体和固体至少 25 m。未经授权的人员禁止进入隔离区。
  2. 如火场有储罐、槽车或罐车，四周隔离 800 m；此外，考虑四周初始疏散距离 800 m。

- 现场环境应急（泄漏处置）
  1. 无防护措施，禁止接触损坏容器或溢出物。消除所有点火源（吸烟、明火、火花或火焰）。在确保安全时，关阀、堵漏等以切断泄漏源。
  2. 小量泄漏：用砂土或其他不燃材料吸附或吸收。
  3. 大量泄漏：构筑围堤或挖坑收容。在专家指导下清除。

S

三氯乙烯

一、基本信息

别名 / 商用名：1,1,2- 三氯乙烯；无水三氯乙烯	
UN 号：1710	CAS 号：79-01-6
分子式：C_2HCl_3	分子量：131.39
熔点 / 凝固点：−87.1 ℃	沸点：87.1 ℃
闪点：	
自燃温度：420 ℃	爆炸极限：12.5%~90.0%（体积比）
GHS 危害标签：	GHS 危害分类： • 皮肤腐蚀 / 刺激：类别 2 • 严重眼损伤 / 眼刺激：类别 2A • 生殖细胞致突变性：类别 2 • 致癌性：类别 1B • 特定目标器官毒性 - 单次接触 / 麻醉效应：类别 3 • 危害水生环境 - 慢性毒性：类别 3
外观及性状：无色透明液体，有似氯仿的气味。不溶于水，溶于乙醇、乙醚，可混溶于多数有机溶剂。	

二、现场快速检测方法

1. 检气管（134SA）：5~150 mg/L（检测范围）。
2. 检气管（134SB）：1~16 mg/L（检测范围）。

三、危险性

- 危险性类别：6.1 类　毒害性物质

- 燃烧及爆炸危险性
  1. 可燃，有毒，具有刺激性。遇明火、高热能引起燃烧爆炸。
  2. 与强氧化剂接触可发生化学反应。
  3. 紫外光照射、燃烧、加热可分解产生有毒的光气和腐蚀性的盐酸烟雾。

- 健康危害
  1. 急性毒性：$LD_{50} = 2402$ mg/kg（小鼠经口）；$LC_{50} = 45292$ mg/m^3（4 h，小鼠吸入），137752 mg/m^3（1 h，大鼠吸入）。

2. 急性中毒：短时内接触可引起急性中毒。吸入极高浓度可迅速昏迷。吸入高浓度后可有眼和上呼吸道刺激症状。接触数小时后出现头痛、头晕、嗜睡等，重者发生抽搐、昏迷、呼吸麻痹、循环衰竭。可出现以三叉神经损害为主的颅神经损害，心脏损害主要为心律失常。可有肝肾损害。
3. 慢性中毒：尚有争议。出现头痛、头晕、乏力、睡眠障碍、胃肠功能紊乱、周围神经炎、心肌损害、三叉神经麻痹和肝损害。可致皮肤损害。

四、个人防护建议（NIOSH）

1. 皮肤：穿防毒物渗透工作服，戴防化学品手套。
2. 眼睛：戴化学安全防护眼镜。
3. 呼吸：接触蒸气，佩戴自吸过滤式半面罩防毒面具。紧急事态抢救或撤离时，必须佩戴循环式氧气呼吸器。
4. 其他：工作现场禁止吸烟、进食和饮水。工作完毕，淋浴更衣。被毒物污染衣服单独存放、清洗。

五、应急处置

- 急救措施（NIOSH）
  1. 皮肤：脱去污染衣着，用肥皂水和清水彻底冲洗皮肤。就医。
  2. 眼睛：提起眼睑，用流动清水或生理盐水冲洗。就医。
  3. 吸入：脱离现场至空气新鲜处，保持呼吸道通畅。如呼吸困难，给输氧；呼吸停止，立即进行人工呼吸。就医。
  4. 误服：饮足量温水，催吐。就医。

- 灭火
  用雾状水、泡沫、干粉、二氧化碳灭火器或砂土。

- 疏散和隔离（ERG）
  1. 立即在所有方向上隔离泄漏区至少 50 m。
  2. 如火场有装运的桶罐、罐车，在四周隔离 800 m；同时考虑四周初始撤离距离 800 m。

- 现场环境应急（泄漏处置）
  1. 撤离泄漏污染区人员至安全区；隔离污染区，严格限制出入。切断火源。
  2. 应急处理人员戴自给正压式呼吸器，穿防毒服。不要直接接触泄漏物。
  3. 切断泄漏源。防止流入下水道、排洪沟等限制性空间。
  4. 小量泄漏：用砂土或其他不燃材料吸附或吸收。
  5. 大量泄漏：构筑围堤或挖坑收容。用泡沫覆盖，降低蒸气灾害。用泵转移至槽车或专用收集器内，回收或运至废物处理场所。

- 危险废物处置
  用焚烧法。与燃料混合后，再焚烧。焚烧炉排出的氯化氢通过酸洗涤器除去。

S

三氯异氰尿酸

一、基本信息

别名/商用名：三氯（均）三嗪三酮；三氯异三聚氰酸	
UN 号：2468	CAS 号：87-90-1
分子式：$C_3Cl_3N_3O_3$	分子量：232.41
熔点/凝固点：225~230 ℃	沸点：
闪点：	
自燃温度：	爆炸极限：
GHS 危害标签： 	GHS 危害分类： • 氧化性固体：类别 2 • 严重眼损伤/眼刺激：类别 2A • 特定目标器官毒性-单次接触/呼吸道刺激：类别 3 • 危害水生环境-急性毒性：类别 1 • 危害水生环境-慢性毒性：类别 1
外观及性状：白色粉末，有氯的气味。	

二、现场快速检测方法

1. 便携式液相色谱仪：0.01~0.5 mg/L（检测范围）。
2. 试纸法（杭州陆恒生物-有效氯含量浓度检测试纸）：25 mg/L（检测限）。
3. 检测管法（广州奥联-有效氯含量快速检测管）：0.1~10 mg/L（检测范围）。

三、危险性

• 危险性类别：5.1 类　氧化剂

• 燃烧及爆炸危险性
　助燃，具强刺激性。

• 健康危害
1. 急性毒性：LD_{50} = 700~800 mg/kg（大鼠经口）。
2. 粉末能强烈刺激眼睛、皮肤和呼吸系统。

S

3. 受热或遇水能产生含氯或其他毒气浓厚烟雾。

四、个人防护建议（NIOSH）

1. 皮肤：穿连衣式胶布防毒衣，戴橡胶手套。
2. 呼吸（眼睛）：接触粉尘，须佩戴全面罩防尘面具。紧急事态抢救或撤离时，应该佩戴空气呼吸器。
3. 其他：工作现场禁止吸烟、进食和饮水。工作完毕，淋浴更衣。

五、应急处置

- 急救措施（NIOSH）
  1. 皮肤：脱去污染的衣着，流动清水冲洗。就医。
  2. 眼睛：提起眼睑，流动清水或生理盐水彻底冲洗。就医。
  3. 吸入：脱离现场至空气新鲜处。保持呼吸道通畅。如呼吸困难，进行输氧。如呼吸停止，立即进行人工呼吸。就医。
  4. 误服：用水漱口，给饮牛奶或蛋清。就医。

- 灭火
  不燃，根据着火原因选择适当灭火剂灭火。

- 疏散和隔离（ERG）
  1. 立即在所有方向上隔离泄漏区至少 25 m，未经授权的人员禁止进入隔离区。
  2. 如火场有储罐、铁路汽车或油罐车，四周隔离 800 m；此外，考虑四周初始疏散距离 800 m。

- 现场环境应急（泄漏处置）
  1. 无防护措施，禁止接触损坏容器或溢出物。消除所有点火源（吸烟、明火、火花或火焰）。
  2. 确保安全时，关阀、堵漏等以切断泄漏源；构筑围堤或挖沟收容泄漏物，防止进入水体、下水道、地下室或限制性空间；用沙土或其他不燃材料吸收泄漏物。
  3. 小量泄漏：避免扬尘，用洁净的铲子收集于干燥、洁净、有盖的容器中。
  4. 大量泄漏：收集回收或运至废物处理场所。

- 危险废物处置
  用安全掩埋法。把倒空的容器归还厂商或在规定场所掩埋。

S

三氧化硫

一、基本信息

别名 / 商用名：硫酸酐	
UN 号：1829	CAS 号：7446-11-9
分子式：SO_3	分子量：80.06
熔点 / 凝固点：16.8 ℃	沸点：44.8 ℃
闪点：	
自燃温度：	爆炸极限：
GHS 危害标签：	GHS 危害分类： • 皮肤腐蚀 / 刺激：类别 1A • 严重眼损伤 / 眼刺激：类别 1 • 特定目标器官毒性 - 单次接触 / 呼吸道刺激：类别 3
外观及性状：针状固体或液体，有刺激性气味。	

二、现场快速检测方法

便携式三氧化硫气体检测仪：0~1 mg/L，0~10 mg/L，0~20 mg/L，0~50 mg/L，0~ 100 mg/L，0~200 mg/L，0~500 mg/L，0~1000 mg/L（检测范围）。

三、危险性

• 危险性类别：8.1 类　酸性腐蚀性物质

• 燃烧及爆炸危险性
  1. 不燃，能助燃。
  2. 与水发生爆炸性剧烈反应。

• 健康危害
  1. 引起呼吸道刺激症状，重者发生呼吸困难和肺水肿；高浓度引起喉痉挛或声门水肿而死亡。
  2. 可引起结膜炎、水肿、角膜浑浊，以致失明。
  3. 对皮肤、黏膜等组织有强烈的刺激和腐蚀作用。
  4. 口服后引起消化道的烧伤以至溃疡形成。

1. 皮肤：穿防酸碱服。
2. 眼睛：佩戴合适的眼部防护用品。
3. 呼吸：佩戴正压自给式空气呼吸器。
4. 衣物脱除：工作服被弄湿或受到了明显的污染，立即脱除并妥善处置。
5. 设施配备：应配备快速冲淋洗浴设备或眼冲洗设备，以应急使用。

五、应急处置

- 急救措施
  1. 皮肤：如未冻伤，立即用肥皂水冲洗；如果冻伤，立即就医。
  2. 眼睛：提起眼睑，用流动水清洗。就医。
  3. 误服：迅速脱离现场，至空气新鲜处，保持呼吸道流畅。如呼吸困难，进行输氧。如呼吸心跳停止，立即进行心肺复苏术。就医。

- 灭火
  不燃，根据着火原因选择适当灭火剂。**禁止用水和泡沫灭火器灭火。**

- 疏散和隔离（ERG）
  1. 小量泄漏，初始隔离 60 m，下风向疏散白天 400 m、夜晚 1000 m；大量泄漏，初始隔离 300 m，下风向疏散白天 2900 m、夜晚 5700 m。
  2. 火场内如有储罐、槽车或罐车，四周隔离 800 m。考虑初始撤离 800 m。

- 现场环境应急（泄漏处置）
  1. 消除所有点火源（禁止吸烟，消除所有明火、火花或火焰）；作业时所有设备应接地；禁止接触或跨越泄漏物。
  2. 禁止直接接触污染物。作业时所有设备应接地。
  3. 确保安全时，关阀、堵漏等以切断泄漏源。
  4. 小量泄漏：用干燥的砂土或其他不燃材料覆盖泄漏物，用洁净的无火花工具收集泄漏物，置于一盖子较松的塑料容器中，待处置。
  5. 大量泄漏：构筑围堤或挖坑收容。用耐腐蚀泵转移至槽车或专用收集器内。

S

四氯化钛

一、基本信息

别名 / 商用名: 氯化钛	
UN 号: 1838	CAS 号: 7550-45-0
分子式: TiCl₄	分子量: 189.71
熔点 / 凝固点: –25 ℃	沸点: 136.4 ℃
闪点:	
自燃温度:	爆炸极限:
GHS 危害标签:	GHS 危害分类: • 皮肤腐蚀 / 刺激: 类别 1B • 严重眼损伤 / 眼刺激: 类别 1
外观及性状: 无色或微黄色液体，有刺激性酸味。在空气中发烟。溶于冷水、乙醇、稀盐酸。	

二、现场快速检测方法

多功能四氯化钛检测仪: 0~20 mg/L，0~100 mg/L，0~200 mg/L（检测范围）。

三、危险性

- 危险性类别: 6.1 类 + 8 类　毒性及腐蚀性物质
- 燃烧及爆炸危险性
  不燃，高毒，具强腐蚀性、强刺激性，可致人体灼伤。
- 健康危害
  1. 急性毒性: $LC_{50} = 400$ mg/m³（大鼠吸入）。
  2. 吸入烟雾: 强烈刺激上呼吸道黏膜。轻度中毒者有喘息性支气管炎症状；严重者出现呼吸困难，脉搏加快，体温升高，咳嗽等，可发展成肺水肿。
  3. 皮肤接触其液体: 可引起严重灼伤，治愈后可见有黄色色素沉着。

1. 皮肤：穿橡胶耐酸碱服，戴橡胶耐酸碱手套。
2. 呼吸：接触蒸气，佩戴自吸过滤式全面罩防毒面具。必要时，佩戴自给式呼吸器。
3. 其他：工作现场禁止吸烟、进食和饮水。工作完毕，淋浴更衣。被毒物污染衣服单独存放、清洗。须定期体检。

- 急救措施（NIOSH）
  1. 皮肤：脱去污染衣着，用清洁棉花或布等吸去液体。流动清水冲洗。就医。
  2. 眼睛：提起眼睑，流动清水或生理盐水彻底冲洗。就医。
  3. 吸入：脱离现场至空气新鲜处，保持呼吸道通畅。如呼吸困难，给输氧。如呼吸停止，立即进行人工呼吸。就医。
  4. 误服：用水漱口，给饮牛奶或蛋清。就医。

- 灭火
  用干燥砂土灭火。**严禁用水、泡沫、酸碱灭火剂灭火。**

- 疏散和隔离（ERG）
  1. 立即在所有方向上隔离泄漏区至少 50 m。
  2. 如火场有装运的桶罐、罐车，四周隔离 800 m；同时考虑四周初始撤离距离 800 m。

- 现场环境应急（泄漏处置）
  1. 撤离泄漏污染区人员至安全区；隔离污染区 150 m，严格限制出入。尽可能切断泄漏源。
  2. 应急处理人员戴自给正压式呼吸器，穿防酸碱工作服。从上风处进入现场。
  3. 小量泄漏：将地面洒上苏打灰，用大量水冲洗，洗水稀释后放入废水系统。
  4. 大量泄漏：构筑围堤或挖坑收容。喷雾状水冷却和稀释蒸气，保护现场人员，但不要对泄漏点直接喷水。

- 危险废物处置
  处置前应参阅国家和地方有关法规。中和、稀释后，排入废水系统。

S

苏合香醇

一、基本信息

别名 / 商用名：1- 苯基乙醇；α- 甲基苯基甲醇；α- 甲基苄醇	
UN 号：2937	CAS 号：98-85-1
分子式：$C_8H_{10}O$	分子量：122.18
熔点 / 凝固点：20 ℃	初沸点：204 ℃（99.085 kPa）
闪点：85.0 ℃	
自燃温度：	爆炸极限：
GHS 危害标签： 	GHS 危害分类： • 急毒性 - 口服：类别 3
外观及性状：不溶于水，溶于丙二醇、醇、醚、氯仿，易溶于甘油。	

二、现场快速检测方法

1. 检气管：2~100 mg/L（检测范围）。
2. 便携式气相色谱 - 质谱仪：0.5 mg/L（检测限）。

三、危险性

• 危险性类别：6 类　毒害性物质

• 健康危害
  吞咽有害，对皮肤有刺激，严重损伤眼睛。

四、个人防护建议（NIOSH）

1. 皮肤：穿防毒物渗透工作服，戴橡胶手套。
2. 呼吸：浓度超标，须佩戴自吸过滤式全面罩防毒面具。紧急事态抢救或撤离时，应佩戴空气呼吸器。

3. 其他：工作现场禁止吸烟、进食和饮水。工作完毕，淋浴更衣。被毒物污染衣服单独存放、清洗。

五、应急处置

- 急救措施（NIOSH）
  1. 吞咽：漱口。如不适，就医。
  2. 皮肤：用水充分清洗。如皮肤刺激，就医。
  3. 眼睛：用水冲洗。如戴隐形眼镜，取出。继续冲洗。
  4. 衣服：脱掉所有沾染衣服，清洗后方可重新使用。

- 灭火
  用雾状水、泡沫、干粉、二氧化碳灭火器或砂土。

- 疏散和隔离（ERG）
  1. 立即在所有方向上隔离泄漏区，液体至少 50 m，固体至少 25 m。
  2. 火场内如有储罐、槽车或罐车，四周隔离 800 m。考虑初始撤离 800 m。

- 现场环境应急（泄漏处置）
  1. 撤离泄漏污染区人员至安全区；隔离污染区，严格限制出入。切断火源。
  2. 应急处理人员戴自给式呼吸器，穿防毒服。勿直接接触泄漏物。
  3. 切断泄漏源。防止流入下水道、排洪沟等限制空间。
  4. 小量泄漏：用砂土、蛭石或其他惰性材料吸收。
  5. 大量泄漏：构筑围堤或挖坑收容。用泵转移至槽车或专用收集器内，回收或运至废物处理场所。

S

碳酸二甲酯

一、基本信息

别名/商用名：碳酸甲酯；碳酸乙烷	
UN 号：1161	CAS 号：616-38-6
分子式；$C_3H_6O_3$	分子量：90.1
熔点/凝固点：0.5 ℃	沸点：90 ℃
闪点：19 ℃	
饱和蒸气压：6.27（20℃）	相对蒸气密度（空气=1）：3.1
自燃温度：458 ℃	爆炸极限：4.2%~12.9%（体积比）
GHS 危害标签：	GHS 危害分类： • 易燃液体：类别 2
外观及性状：无色液体，有芳香气味。不溶于水，可溶于多数有机溶剂、酸、碱。	

二、现场快速检测方法

1. 便携式红外光谱仪：0~4.220 g/L（检测范围）。
2. 便携式气相色谱仪：1~100 mg/kg（检测范围）；0.5 mg/L（检测限）。

三、危险性

• 危险性类别：3.2 类　中闪点液体

• 燃烧及爆炸危险性
  易燃，具刺激性。遇明火、高热易燃。在火场中，受热的容器有爆炸危险。

• 健康危害
  1. 急性毒性：LD_{50} = 13000 mg/kg（大鼠经口），LD_{50} = 6000 mg/kg（小鼠经口）。
  2. 吸入、口服或经皮肤吸收：对身体有害，有刺激性。
  3. 眼睛、黏膜和上呼吸道：蒸气或雾对其有刺激性。

1. 皮肤：穿防静电工作服，戴橡胶耐油手套。
2. 眼睛：必要时，戴化学安全防护眼镜。
3. 呼吸：浓度超标，佩戴自吸过滤式半面罩防毒面具。
4. 其他：工作现场严禁吸烟。工作完毕，淋浴更衣。

五、应急处置

- 急救措施（NIOSH）
  1. 皮肤：脱去污染的衣着，用肥皂水和清水彻底冲洗皮肤。
  2. 眼睛：提起眼睑，用流动清水或生理盐水冲洗。就医。
  3. 误服：饮足量温水，催吐。就医。
  4. 吸入：脱离现场至空气新鲜处。保持呼吸道通畅。如呼吸困难，需要进行输氧。如呼吸停止，进行人工呼吸。就医。

- 灭火
  用砂土及泡沫、干粉或二氧化碳灭火器。

- 疏散和隔离（ERG）
  1. 采取预防措施，隔离泄漏区域至少 50 m，液体和固体四周隔离至少 25 m。未经授权的人员禁止进入隔离区。
  2. 火场内如有储罐、槽车或罐车，四周隔离 800 m；此外，考虑四周初始疏散距离 800 m。

- 现场环境应急（泄漏处置）
  1. 撤离泄漏污染区人员至安全区；隔离污染区，严格限制出入。切断火源。
  2. 应急处理人员戴自给正压式呼吸器，穿防静电工作服。不要直接接触泄漏物。
  3. 切断泄漏源。防止流入下水道、排洪沟等限制性空间。
  4. 小量泄漏：用砂土、蛭石或其他惰性材料吸收。收集运至空旷的地方掩埋、蒸发、或焚烧。
  5. 大量泄漏：构筑围堤或挖坑收容。用泡沫覆盖，降低蒸气灾害。用防爆泵转移至槽车或专用收集器内，回收或运至废物处理场所。

- 危险废物处置
  用焚烧法。

T

碳酸二乙酯

一、基本信息

别名/商用名:碳酸乙酯;DEC;二乙基碳酸酯	
UN号:2366	CAS号:105-58-8
分子式:$C_5H_{10}O_3$	分子量:118.13
熔点/凝固点:–43 ℃	沸点:125.8 ℃
闪点:25 ℃	
自燃温度:445 ℃	爆炸极限:1.4%~11.0%(体积分数)
GHS危害标签:	GHS危害分类: • 易燃液体:类别3
外观及性状:无色液体,略有气味。不溶于水,可混溶于醇、酮、酯等多数有机溶剂。	

二、现场快速检测方法

便携式气相色谱仪:1~100 mg/L(检测范围);0.5 mg/L(检测限)。

三、危险性

• **危险性类别**:3.3类 高闪点液体

• **燃烧及爆炸危险性**
  1. 易燃,具刺激性。遇高热、明火有引起燃烧的危险。
  2. 蒸气比空气重,能在较低处扩散到相当远的地方,遇火源会着火回燃。

• **健康危害**
  1. 急性毒性:LD_{50} = 1570 mg/kg(大鼠经口)。
  2. 轻度刺激剂和麻醉剂。
  3. 吸入:引起头痛、头昏、虚弱、恶心、呼吸困难等。

T

4. 眼睛：液体或高浓度蒸气有刺激性。
5. 口服：刺激胃肠道。
6. 皮肤：长期反复接触有刺激性。

四、个人防护建议（NIOSH）

1. 皮肤：穿防静电工作服，戴橡胶耐油手套。
2. 眼睛：戴安全防护眼镜。
3. 呼吸：浓度超标，佩戴自吸过滤式半面罩防毒面具。
4. 其他：工作现场严禁吸烟。工作完毕，淋浴更衣。

五、应急处置

• 急救措施
  1. 皮肤：脱去污染衣着，用肥皂水和清水彻底冲洗皮肤。
  2. 眼睛：提起眼睑，用流动水清洗或生理盐水冲洗。就医。
  3. 吸入：脱离现场至空气新鲜处。保持呼吸道通畅。呼吸困难，进行输氧。如呼吸停止，立即进行人工呼吸。就医。
  4. 误服：饮足量温水，催吐。就医。

• 灭火
  用泡沫、干粉、二氧化碳灭火器或砂土。

• 疏散和隔离（ERG）
  1. 采取预防措施，大量泄漏时，考虑最初环境条件，下风向至少撤离 300 m。未经授权的人员禁止进入隔离区。
  2. 火场内如有储罐、槽车或罐车，四周隔离 800 m；此外，考虑四周初始疏散距离 800 m。

• 现场环境应急（泄漏处置）
  1. 消除点火源（吸烟、明火、火花或火焰）。使用防爆的通信工具。作业时所有设备应接地。确保安全时，关阀、堵漏等以切断泄漏源。
  2. 小量泄漏：用活性炭或其他惰性材料吸收。或用不燃性分散剂制成的乳液刷洗，洗液稀释后放入废水系统。
  3. 大量泄漏：构筑围堤或挖坑收容。用泡沫覆盖，降低蒸气灾害。用防爆泵转移至槽车或专用收集器内，回收或运至废物处理场所。

• 危险废物处置
  用焚烧法。

T

碳酰氯

一、基本信息

别名 / 商用名: 光气	
UN 号: 1076	CAS 号: 75-44-5
分子式: $COCl_2$	分子量: 98.92
熔点 / 凝固点: −118 ℃	沸点: 8.3 ℃
闪点:	
自燃温度:	爆炸极限:
GHS 危害标签: 	GHS 危害分类: • 高压气体: 压缩气体 • 急毒性 - 吸入: 类别 1 • 皮肤腐蚀 / 刺激: 类别 1B • 严重眼损伤 / 眼刺激: 类别 1
外观及性状: 纯品为无色有特殊气味的气体，低温时为黄绿色液体。微溶于水，溶于芳烃、苯、四氯化碳、氯仿、乙酸等多数有机溶剂。	

二、现场快速检测方法

手持式碳酰氯检测仪（HAD-COCl₂）: 0~20 μL/L，0~100 μL/L，0~200 μL/L（检测范围）。

三、危险性

• 危险性类别: 2.3 类　有毒气体

• 燃烧及爆炸危险性
不燃。分解产物为氯化氢。

• 健康危害
1. 急性毒性: LC_{50} = 1400 mg/m³（30 min，大鼠吸入）。
2. 本品主要损害呼吸道，导致化学性支气管炎、肺炎、肺水肿。

T

1. 皮肤：穿内置正压自给式空气呼吸器的全封闭防化服。
2. 眼睛：佩戴合适的眼部防护用品。
3. 呼吸：戴正压自给式空气呼吸器。
4. 设施配备：应配备快速冲淋洗浴设备或眼冲洗设备，以应急使用。

五、应急处置

- 急救措施
  1. 皮肤：如果该化学物质直接接触皮肤，立即用水冲洗污染的皮肤。
  2. 眼睛：提起眼睑，用流动水或生理盐水清洗。就医。
  3. 吸入：迅速脱离现场，至空气新鲜处，保持呼吸道流畅。如有呼吸困难，进行输氧。如呼吸心跳停止，立即进行心肺复苏术。就医。
  4. 误服：立即就医。

- 灭火
  不燃，根据着火原因选择适当灭火剂灭火。

- 疏散和隔离（ERG）
  1. 小量泄漏，初始隔离 200 m，下风向疏散白天 1100 m、夜晚 4000 m；大量泄漏，初始隔离 1000 m，下风向疏散白天 7500 m、夜晚 11000 m。
  2. 火场内如有原油储罐、槽车或罐车，四周隔离 1600 m。考虑撤离隔离区的人员、物资；疏散无关人员并划定警戒区；在上风处停留，切勿进入低洼处；进入密闭空间之前必须先通风。

- 现场环境应急（泄漏处置）
  1. 消除所有点火源（禁止吸烟，消除所有明火、火花或火焰）。禁止接触或跨越泄漏物。
  2. 使用防爆的通信工具。
  3. 禁止直接接触污染物。作业时所有设备应接地。
  4. 确保安全时，关阀、堵漏等以切断泄漏源。

T

烯丙胺

一、基本信息

别名/商用名：3-氨基丙烯；3-氨基-1-丙烯	
UN 号：2334	CAS 号：107-11-9
分子式：C_3H_7N	分子量：57.09
熔点/凝固点：-88.2 ℃	沸点：55.2 ℃
闪点：-29 ℃	
自燃温度：370 ℃	爆炸极限：2.2%~22.0%（体积比）
GHS 危害标签： 	GHS 危害分类： • 易燃液体：类别 1 • 急毒性-口服：类别 3 • 急毒性-皮肤：类别 1 • 急毒性-吸入：类别 3 • 危害水生环境-急性毒性：类别 2 • 危害水生环境-慢性毒性：类别 2
外观及性状：无色液体，有强烈的氨味和焦灼味。溶于水、乙醇、乙醚、氯仿。	

二、现场快速检测方法

烯丙胺气体报警器：0.5 μL/L（检测限）。

三、危险性

• 危险性类别：

• 燃烧及爆炸危险性
  低闪点，易燃液体。其蒸气与空气可形成爆炸混合物。遇明火、高热或与氧化剂接触，有引起燃烧爆炸的危险。

• 健康危害
  1. 蒸气对眼及上呼吸道有强刺激性作用，严重者伴有恶心、眩晕、头痛等。
  2. 接触本品的生产工人可发生接触性皮炎。

X

1. 皮肤：穿防毒、防静电服。
2. 眼睛：佩戴合适的眼部防护用品。
3. 呼吸：戴正压自给式空气呼吸器。
4. 设施配备：应配备快速冲淋洗浴设备或眼冲洗设备，以应急使用。

五、应急处置

- 急救措施
  1. 皮肤：如果该化学物质直接接触皮肤，立即用水冲洗污染的皮肤。
  2. 眼睛：提起眼睑，用流动水清洗。就医。
  3. 吸入：迅速脱离现场，至空气新鲜处，保持呼吸道流畅。如有呼吸困难，进行输氧；呼吸心跳停止，立即进行心肺复苏术。就医。
  4. 误食：立即就医。

- 灭火
  用抗溶性泡沫、二氧化碳、干粉灭火器或砂土。**用水灭火无效（闪点低）。**

- 疏散和隔离（ERG）
  1. 小量泄漏，初始隔离 30 m，下风向疏散白天 200 m、夜晚 600 m；大量泄漏，初始隔离 150 m，下风向疏散白天 1700 m、夜晚 3000 m。
  2. 火场内如有储罐、槽车或罐车，四周隔离 800 m。考虑初始撤离 800 m。

- 现场环境应急（泄漏处置）
  1. 消除所有点火源（禁止吸烟，消除所有明火、火花或火焰）。禁止接触或跨越泄漏物。
  2. 使用防爆的通信工具。
  3. 禁止直接接触污染物。作业时所有设备应接地。
  4. 确保安全时，关阀、堵漏等以切断泄漏源。
  5. 小量泄漏：用砂土或其他不燃材料吸收。使用洁净的无火花工具收集吸收材料。
  6. 大量泄漏：构筑围堤或挖坑收容。用抗溶性泡沫覆盖，减少蒸发。喷水雾能减少蒸发，但不能降低泄漏物在受限制空间内的易燃性。用防爆泵转移至槽车或专用收集器内。

X

香豆素

一、基本信息

别名 / 商用名：氧杂茶邻酮；香豆内酯；邻氧萘酮; 2*H*-1- 苯并吡喃 -2- 酮; 1,2- 苯并吡喃酮	
UN 号：2811	CAS 号：91-64-5
分子式；$C_9H_6O_2$	分子量：146.14
熔点 / 凝固点：68~70 ℃	沸点：297~299 ℃
闪点：150 ℃	
自燃温度：	爆炸极限：
GHS 危害标签：	GHS 危害分类： • 急毒性 - 口服：类别 4 • 皮肤敏化作用：类别 1
外观及性状：白色结晶，与水部分混溶。	

二、现场快速检测方法

1. 便携式气相色谱仪：1~50 mg/L（检测范围）; 0.3 mg/L（检测限）。
2. 便携式液相色谱仪：0.1~40 mg/L（检测范围）; 0.03 mg/L（检测限）。

三、危险性

• 危险性类别：6.1 类 毒性物质

• 燃烧及爆炸危险性
  1. 不燃，但加热时会分解，产生腐蚀性或有毒气体。
  2. 容器受热时可能会爆炸。

• 健康危害
  1. 吸入：有害健康、呼吸道不适。
  2. 误服：严重的毒性反应。

3. 皮肤：严重毒害作用，可能过敏。吸收后可产生全身影响，并可致命。通过割伤、擦伤或病变处进入血液，可能产生全身损伤。
4. 眼睛：导致暂时不适。

四、个人防护建议（NIOSH）

1. 皮肤：穿化学安全防护服，戴橡胶手套。
2. 眼睛：戴化学安全防护眼镜。
3. 呼吸：浓度较高，佩戴自吸过滤式全面罩防毒面具。必要时佩戴自给式呼吸器。
4. 其他：工作现场严禁吸烟。工作毕，淋浴更衣。

五、应急处置

- 急救措施（NIOSH）
  1. 皮肤：脱去污染衣物。肥皂水和清水冲洗皮肤。如不适，就医。
  2. 眼睛：提起眼睑，流动清水或生理盐水彻底冲洗。就医。
  3. 呼吸：将患者移到新鲜空气处，保持呼吸畅通。如呼吸困难，给输氧。
  4. 误服或吸入：不得进行口对口人工呼吸。如果呼吸停止，进行心肺复苏术。就医。
  5. 消化系统：禁止催吐，切勿给失去知觉者喂食。就医。

- 灭火
  采用蒸气、二氧化碳或其他惰性气体覆盖，以泡沫和细水滴喷熄，不应使用密集水柱。

- 疏散和隔离（ERG）
  1. 大量泄漏时，考虑最初环境条件，下风向至少撤离 300 m。未经授权的人员禁止进入隔离区。
  2. 火场内如有储罐、槽车或罐车，四周隔离 800 m；此外，考虑四周初始疏散距离 800 m。

- 现场环境应急（泄漏处置）
  1. 撤离泄漏污染区人员至安全区；隔离污染区，严格限制进入。切断火源。
  2. 应急处理人员戴自给正压式呼吸器，穿防静电工作服。
  3. 切断泄漏源。防止流入下水道、排洪沟等限制空间。转移至槽车或专用收集器内，回收或运至废物处理场所。

X

221

硝化甘油

一、基本信息

别名 / 商用名：三硝酸甘油酯；硝酸甘油	
UN 号：0143	CAS 号：55-63-0
分子式：$C_3H_5(ONO_2)_3$	分子量：227.09
熔点 / 凝固点：13 ℃	沸点：180 ℃
闪点：	
自燃温度：	爆炸极限：
GHS 危害标签： 	GHS 危害分类： 爆炸物：类别 1.1 项 皮肤敏化作用：类别 1 生殖毒性：类别 2 特定目标器官毒性 - 单次接触：类别 1 特定目标器官毒性 - 重复接触：类别 1 危害水生环境 - 急性毒性：类别 2 危害水生环境 - 慢性毒性：类别 2
外观及性状：淡黄色稠厚液体，低温易冻结。不溶于水，溶于甲醇、甲苯和丙酮等有机溶剂。	

二、现场快速检测方法

远距离炸药检测仪（GT200E）：1 mg/kg（检测限）。

三、危险性

- 危险性类别：1 类　爆炸性物质
- 燃烧及爆炸危险性
  1. 遇明火、高热、摩擦、振动、撞击可能引起激烈燃烧或爆炸。
  2. 与路易氏酸、臭氧等接触能发生剧烈反应，有燃烧爆炸的危险。

- 健康危害
  1. 急性毒性：$LD_{50} > 280$ mg/kg（兔经皮）；$LD_{50} = 105$ mg/kg（大鼠经口）。
  2. 本品易经皮肤吸收，应防止皮肤接触。
  3. 少量吸收即可引起剧烈的搏动性头痛，常有恶心、心悸，有时有呕吐和腹痛，面部发热、潮红。

四、个人防护建议（NIOSH）

1. 皮肤：穿防毒服。
2. 眼睛：佩戴合适的眼部防护用品。
3. 呼吸：佩戴防尘面罩（全面罩）。
4. 衣物脱除：工作服被弄湿或受到了明显的污染，立即脱除并妥善处置。
5. 设施配备：应配备快速冲淋洗浴设备或眼冲洗设备，以应急使用。

五、应急处置

- 急救措施
  1. 皮肤：如果该化学物质直接接触皮肤，立即用肥皂水冲洗污染的皮肤。
  2. 眼睛：提起眼睑，用流动水清洗。就医。
  3. 吸入：迅速脱离现场，至空气新鲜处，保持呼吸道流畅。如有呼吸困难，进行输氧；呼吸心跳停止，立即进行心肺复苏术。就医。
  4. 误服：立即就医。

- 灭火
  用水灭火。

- 疏散和隔离（ERG）
  1. 泄漏隔离距离至少为 500 m。如果为大量泄漏，下风向的初始疏散距离应至少为 800 m。
  2. 如果在火场中有储罐、槽车或罐车，周围至少隔离 1600 m；同时考虑四周初始疏散距离 1600 m。

- 现场环境应急（泄漏处置）
  1. 消除所有点火源（禁止吸烟，消除所有明火、火花或火焰）；作业时所有设备应接地；禁止接触或跨越泄漏物。
  2. 禁止直接接触污染物。作业时所有设备应接地。
  3. 确保安全时，关阀、堵漏等以切断泄漏源。

X

硝化纤维素

一、基本信息

别名/商用名：硝酸纤维素；硝化棉；火棉胶；硝基基棉；火棉；胶棉	
UN 号：0340	CAS 号：9004-70-0
分子式：	分子量：
熔点/凝固点：	沸点：
闪点：12.8 ℃	
自燃温度：	爆炸极限：
GHS 危害标签：	GHS 危害分类： • 易燃固体：类别 1
外观及性状：白色或微黄色各种形态固体，如棉絮状、纤维状等。不溶于水，溶于酯、丙酮。	

二、现场快速检测方法

1. 爆炸物测试卡（Traces X）：1 ng（检测限）。
2. XCat 手持式毒品炸药探测仪：1 ng（检测限）。

三、危险性

• 危险性类别：4.1 类　易燃固体

• 燃烧及爆炸危险性
 1. 大量堆积或密闭容器中燃烧能转化为爆轰。
 2. 干燥硝化棉因摩擦产生静电而自燃，也可在较低温度下自行缓慢分解放热而自燃。

• 健康危害
 1. 急性毒性：$LD_{50} > 5000$ mg/kg（大鼠经口）。
 2. 本品基本无害。

1. 皮肤：穿防毒服。
2. 眼睛：佩戴合适的眼部防护用品。
3. 呼吸：佩戴自给正压式呼吸器。
4. 衣物脱除：工作服被弄湿或受到了明显的污染，立即脱除并妥善处置。
5. 设施配备：应配备快速冲淋洗浴设备或眼冲洗设备，以应急使用。

五、应急处置

- 急救措施
  1. 皮肤：如果该化学物质直接接触皮肤，立即用肥皂水冲洗污染的皮肤。
  2. 眼睛：提起眼睑，用流动水清洗。就医。
  3. 吸入：迅速脱离现场，至空气新鲜处，保持呼吸道流畅。如有呼吸困难，进行输氧；呼吸心跳停止，立即进行心肺复苏术。就医。
  4. 误服：立即就医。

- 灭火
  用大量水灭火。无水时，可用二氧化碳、干粉或泡沫灭火器。

- 疏散和隔离（ERG）
  1. 泄漏隔离距离至少为 100 m。如果为大量泄漏，下风向的初始隔离距离应至少为 500 m。
  2. 清理方圆至少 1800 m 范围内的区域，任其自行燃烧。如果在水场中有储罐、槽车或罐车，周围至少隔离 800 m；同时考虑四周初始疏散距离 800 m。

- 现场环境应急（泄漏处置）
  1. 消除所有点火源（禁止吸烟，消除所有明火、火花或火焰）；作业时所有设备应接地；禁止接触或跨越泄漏物。
  2. 禁止直接接触污染物。作业时所有设备应接地。
  3. 确保安全时，关阀、堵漏等以切断泄漏源。
  4. 小量泄漏：用大量水冲洗泄漏区。
  5. 大量泄漏：用水湿润，并筑堤收容。通过慢慢加入大量水保持泄漏物湿润。

X

硝基苯

一、基本信息

别名 / 商用名：密斑油；米耳班油；一硝基苯；密班油；硝化苯	
UN 号：1662	CAS 号：98-95-3
分子式：$C_6H_5NO_2$	分子量：123.11
熔点 / 凝固点：5.7 ℃	沸点：210.9 ℃
闪点：87.8 ℃	
自燃温度：482 ℃	爆炸极限：1.8%（93 ℃）爆炸下限
GHS 危害标签：	GHS 危害分类： • 急毒性 - 口服：类别 3 • 急毒性 - 皮肤：类别 3 • 急毒性 - 吸入：类别 3 • 致癌性：类别 2 • 生殖毒性：类别 1B • 特定目标器官毒性 - 重复接触：类别 1 • 危害水生环境 - 急性毒性：类别 2 • 危害水生环境 - 慢性毒性：类别 2
外观及性状：硝基苯是淡黄色透明油状液体，有苦杏仁味。不溶于水，溶于乙醇、乙醚、苯等多数有机溶剂。	

二、现场快速检测方法

便携式硝基苯检测仪（AKBT-$C_2H_6NO_2$）：0~20 mg/L，0~50 mg/L，0~200 mg/L，0~1000 mg/L，0~2000 mg/L，0~5000 mg/L，0~10000 mg/L，0~40000 mg/L（检测范围）。

三、危险性

• 危险性类别：6.1 类　毒害性物质

• 燃烧及爆炸危险性
  1. 遇明火、高热可燃。
  2. 在火焰中释放出刺激性或有毒烟雾（或气体）。

• 健康危害
  1. 急性毒性：LD_{50} = 2100 mg/kg（大鼠经皮），349 mg/kg（大

X

鼠经口); LC_{50} = 556 mg/L（4 h，大鼠吸入）。
2. 本品剧毒，主要引起高铁血红蛋白血症。
3. 急性中毒时有头痛、头晕、乏力、皮肤黏膜紫绀、手指麻木等症状。

四、个人防护建议（NIOSH）

1. 皮肤：穿防毒服。
2. 眼睛：佩戴合适的眼部防护用品。
3. 呼吸：戴正压自给式空气呼吸器。
4. 设施配备：应配备快速冲淋洗浴设备或眼冲洗设备，以应急使用。

五、应急处置

- 急救措施
  1. 皮肤：如果该化学物质直接接触皮肤，立即用水冲洗污染的皮肤。
  2. 眼睛：提起眼睑，用流动水清洗。就医。
  3. 吸入：迅速脱离现场，至空气新鲜处，保持呼吸道流畅。如有呼吸困难，进行输氧。如呼吸心跳停止，立即进行心肺复苏术。就医。
  4. 误服：饮足量温水，催吐。就医。

- 灭火
  用雾状水、抗溶性泡沫、二氧化碳灭火器或砂土。

- 疏散和隔离（ERG）
  1. 泄漏隔离距离对于液体至少为 100 m，固体至少为 25 m。大量泄漏时，下风向的初始疏散距离在隔离距离基础上进一步加大。
  2. 火场内如有原油储罐、槽车或罐车，四周隔离 800 m。考虑撤离隔离区的人员、物资；疏散无关人员并划定警戒区；在上风处停留，切勿进入低洼处；进入密闭空间之前必须先通风。

- 现场环境应急（泄漏处置）
  1. 消除所有点火源（禁止吸烟，消除所有明火、火花或火焰）。禁止接触或跨越泄漏物。
  2. 使用防爆的通信工具。
  3. 禁止直接接触污染物。作业时所有设备应接地。
  4. 确保安全时，关阀、堵漏等以切断泄漏源。
  5. 小量泄漏：用干燥的砂土或其他不燃材料吸收或覆盖，收集于容器中。
  6. 大量泄漏：构筑围堤或挖坑收容。用石灰粉吸收大量液体。用泵转移至槽车或专用收集器内。

X

硝基胍

一、基本信息

别名/商用名：橄苦岩；硝基亚胺脲	
UN 号：1336	CAS 号：556-88-7
分子式：$CH_4N_4O_2$	分子量：104.07
熔点/凝固点：232 ℃（分解）	沸点：
闪点：	
自燃温度：	爆炸极限：
GHS 危害标签： 	GHS 危害分类： • 爆炸物：类别 1.1 • 严重眼损伤/眼刺激：类别 2A
外观及性状：白色针状晶体。溶于热水，不溶于冷水，微溶于乙醇，不溶于醚，易溶于碱液。	

二、现场快速检测方法

1. 胍类快速检测试剂盒：0.8 mg/L（检测限）。
2. 便携式高效液相色谱仪：1~40 mg/L（检测范围）；0.15 mg/L（检测限）。
3. 便携式紫外分光光度计：0.1~6.0 mg/L（检测范围）；0.1 mg/L（检测限）。

三、危险性

• 危险性类别：1 类　爆炸性物质

• 燃烧及爆炸危险性
　1. 遇强氧化剂、强碱易发生剧烈反应，有燃烧爆炸危险。
　2. 遇明火、高热、摩擦、振动、撞击可能引起激烈燃烧或爆炸。

• 健康危害
　1. 急性毒性：LD_{50} = 10.2 g/kg（大鼠经口）。
　2. 对皮肤有刺激性，接触可引起灼伤。

3. 对眼睛有刺激性，接触可引起灼伤。
4. 对呼吸道有刺激性。

四、个人防护建议（NIOSH）

1. 皮肤：穿防静电服。
2. 眼睛：佩戴合适的眼部防护用品。
3. 呼吸：正压自给式空气呼吸器。
4. 衣物脱除：工作服被弄湿或受到了明显的污染，立即脱除并妥善处置。
5. 设施配备：应配备快速冲淋洗浴设备或眼冲洗设备，以应急使用。

五、应急处置

- 急救措施
  1. 皮肤：如果该化学物质直接接触皮肤，立即用肥皂水冲洗污染的皮肤。
  2. 眼睛：提起眼睑，用流动水清洗。就医。
  3. 吸入：迅速脱离现场，至空气新鲜处，保持呼吸道流畅。如有呼吸困难，进行输氧；呼吸心跳停止，立即进行心肺复苏术。就医。
  4. 误服：立即就医。

- 灭火
  用水灭火。**禁止用砂土、干粉灭火。**

- 疏散和隔离（ERG）
  1. 泄漏隔离距离至少为 50 m。如果为大量泄漏，下风向的初始疏散距离应至少为 250 m。
  2. 禁止一切通行，清理方圆至少 1600 m 范围内的区域，任其自行燃烧。切勿开动已处于火场中的货船或车辆。如果在火场中有储罐、槽车或罐车，周围至少隔离 1600 m；同时考虑四周初始疏散距离 1600 m。

- 现场环境应急（泄漏处置）
  1. 消除所有点火源（禁止吸烟，消除所有明火、火花或火焰）；作业时所有设备应接地；禁止接触或跨越泄漏物。
  2. 禁止直接接触污染物。作业时所有设备应接地。
  3. 确保安全时，关阀、堵漏等以切断泄漏源。
  4. 小量泄漏：用干石灰、苏打灰覆盖，使用无火花工具收于干燥、洁净、有盖的容器中。运至空旷处引爆。也可以用大量水冲洗，洗水稀释后放入废水系统。
  5. 大量泄漏：在专家指导下清除。

X

229

硝酸铵

一、基本信息

别名 / 商用名：硝铵	
UN 号：1942	CAS 号：6484-52-2
分子式：NH_4NO_3	分子量：80.05
熔点 / 凝固点：169.6 ℃	沸点：210 ℃（分解）
闪点：	
自燃温度：	爆炸极限：
GHS 危害标签：	GHS 危害分类： • 爆炸物：类别 1.1 • 特定目标器官毒性 - 单次接触：类别 1 • 特定目标器官毒性 - 重复接触：类别 1
外观及性状：无色无臭的透明结晶或呈白色的小颗粒，有潮解性。易溶于水、乙醇、丙酮、氨水，不溶于乙醚。	

二、现场快速检测方法

- 硝酸根离子
  1. 试纸法：25 mg/L（检测限）。
  2. 便携式多参数水质检测仪：7.5~12.4 mg/L（检测范围）。
- 铵根离子
  1. 试纸法（德国 MN- 铵检测试纸）：0~400 mg/L（检测范围）。
  2. 便携式离子色谱仪（EP-600 型）：0.01 μg/L（检测限）。

三、危险性

- 危险性类别：5.1 类　氧化剂

- 燃烧及爆炸危险性
  1. 助燃，具刺激性。遇可燃物着火时，能助长火势。
  2. 爆炸性：与可燃物粉末混合能发生激烈反应而爆炸。受强烈震动也会起爆。急剧加热时可发生爆炸。

X

3. 强氧化剂：与还原剂、有机物、易燃物如硫、磷或金属粉末等混合可形成爆炸性混合物。

- 健康危害
  1. 毒性急性：$LD_{50} = 4820$ mg/kg（大鼠经口）。
  2. 呼吸道、眼及皮肤：有刺激性。
  3. 接触：可引起恶心、呕吐、头痛、虚弱、无力和虚脱等。大量接触可引起高铁血红蛋白血症，影响血液的携氧能力，出现头痛、头晕、虚脱，甚至死亡。
  4. 口服：引起剧烈腹痛、呕吐、血便、休克、全身抽搐、昏迷，甚至死亡。

四、个人防护建议（NIOSH）

1. 皮肤：穿聚乙烯防毒服，戴橡胶手套。
2. 眼睛：戴化学安全防护眼镜。
3. 呼吸：接触粉尘，佩戴自吸过滤式防尘口罩。
4. 其他：工作现场禁止吸烟、进食和饮水。工作完毕，淋浴更衣。被毒物污染的衣服单独存放和洗涤。

五、应急处置

- 急救措施（NIOSH）
  1. 皮肤：脱去污染衣着，流动清水冲洗皮肤。
  2. 眼睛：提起眼睑，流动清水或生理盐水冲洗。
  3. 吸入：脱离现场至空气新鲜处，保持呼吸道通畅。如呼吸困难，给输氧。呼吸停止时，进行人工呼吸，就医。
  4. 误服：用水漱口，给饮牛奶或蛋清，就医。

- 灭火
  用水、雾状水灭火。**禁止用砂土压盖。**

- 疏散和隔离（ERG）
  1. 立即在所有方向上风向隔离泄漏区至少 25 m，如遇大量泄漏，考虑最初下风向撤离至少 100 m。
  2. 如火场有装运的桶罐、罐车，在四周隔离 800 m；同时考虑四周初始疏散距离 800 m。

- 现场环境应急（泄漏处置）
  1. 撤离泄漏污染区人员至安全区，隔离污染区，严格限制出入。切断火源。
  2. 应急处理人员戴全面罩防尘面具，穿防毒工作服。不要直接接触泄漏物。勿使泄漏物与还原剂、有机物、易燃物或金属粉末接触。
  3. 小量泄漏：小心扫起，收集于干燥、洁净、有盖的容器中。
  4. 大量泄漏：收集回收或运至废物处理场所。

X

硝酸钙

一、基本信息

别名/商用名：钙硝石；四水合硝酸钙；四水硝酸钙	
UN 号：1454	CAS 号：13477-34-4
分子式：$Ca(NO_3)_2 \cdot 4H_2O$	分子量：236.15
熔点/凝固点：561 ℃	沸点：
闪点：	
自燃温度：	爆炸极限：
GHS 危害标签：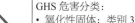	GHS 危害分类： • 氧化性固体：类别 3 • 特定目标器官毒性 - 单次接触：类别 2 • 特定目标器官毒性 - 重复接触：类别 2
外观及性状：无色透明单斜结晶或粉末。	

二、现场快速检测方法

• 硝酸盐
1. 试纸法：25 mg/L（检测限）。
2. 便携式多参数水质检测仪：7.5~12.4 mg/L（检测范围）。

三、危险性

• 危险性类别：5.1 类　氧化剂

• 燃烧及爆炸危险性
1. 助燃，具刺激性。
2. 强氧化剂：受热分解，放出氧气。与还原剂、有机物、易燃物如硫、磷或金属粉末等混合可形成爆炸性混合物。
3. 毒性：燃烧分解时，放出有毒的氮氧化物气体。受高热分解，产生有毒的氮氧化物。

X

- 健康危害
  1. 毒性急性：LD$_{50}$ = 3900 mg/kg（大鼠经口）。
  2. 吸入：对鼻、喉及呼吸道有刺激性，引起咳嗽及胸部不适等。
  3. 眼睛及皮肤：刺激性。长期反复接触粉尘对皮肤有刺激性。

四、个人防护建议（NIOSH）

1. 皮肤：穿聚乙烯防毒服，戴氯丁橡胶手套。
2. 眼睛：戴安全防护眼镜。
3. 呼吸：接触粉尘，佩戴自吸过滤式防尘口罩。
4. 其他：工作现场禁止吸烟、进食和饮水。工作完毕，淋浴更衣。

五、应急处置

- 急救措施（NIOSH）
  1. 皮肤：脱去污染的衣着，流动清水冲洗。
  2. 眼睛：提起眼睑，清水或生理盐水冲洗。就医。
  3. 吸入：脱离现场至空气新鲜处。保持呼吸道通畅。如呼吸困难，进行输氧。如呼吸停止，立即进行人工呼吸。就医。
  4. 误服：饮足量温水，催吐。就医。

- 灭火
  用雾状水、砂土灭火。切勿将水流直接射至熔融物，以免引起严重的流淌火灾或引起剧烈的沸溅。

- 疏散和隔离（ERG）
  1. 采取预防措施，大量泄漏时，考虑最初环境条件，下风向至少撤离 100 m。未经授权的人员禁止进入隔离区。
  2. 火场内如有储罐、槽车或罐车，四周隔离 800 m；此外，考虑四周初始疏散距离 800 m。

- 现场环境应急（泄漏处置）
  1. 泄漏物远离可燃物（木材、纸、油等）。无防护措施时禁止直接接触污染物。确保安全时，关阀、堵漏等以切断泄漏源。
  2. 小量泄漏：用大量水冲洗，洗水稀释后放入废水系统。
  3. 大量泄漏：用塑料布、帆布覆盖。然后收集回收或运至废物处理场所。

X

硝酸胍

一、基本信息

别名 / 商用名：硝酸亚氨脲；胍硝酸盐；胍硝酸	
UN 号：1467	CAS 号：506-93-4
分子式：$CH_6N_4O_3$	分子量：122.08
熔点 / 凝固点：217 ℃	沸点：212~217 ℃
闪点：	
自燃温度：	爆炸极限：
GHS 危害标签：	GHS 危害分类： • 氧化性固体：类别 3 • 严重眼损伤 / 眼刺激：类别 2A
外观及性状：白色颗粒。溶于水、乙醇，微溶于丙酮，不溶于苯、乙醚。	

二、现场快速检测方法

1. 胍类快速检测试剂盒：0.8 mg/L（检测限）。
2. 便携式拉曼光谱仪：2 mg/L（检测限）。

三、危险性

• 危险性类别：5.1 类　氧化性物质

• 燃烧及爆炸危险性
1. 强氧化剂，与硝基化合物和氯酸盐组成的混合物对振动和摩擦敏感并可能爆炸。
2. 受撞击、摩擦、震动时，可能发生爆炸分解。加热时，可能爆炸。

• 健康危害
1. 急性毒性：LD_{50} = 730 mg/kg（大鼠经口）。
2. 对眼睛、皮肤、黏膜和呼吸道有刺激性。

3. 吸入过量硝酸胍即可致死。

四、个人防护建议（NIOSH）

1. 皮肤：穿全身防火防毒服。
2. 眼睛：佩戴合适的眼部防护用品。
3. 呼吸：佩戴防毒面具。
4. 衣物脱除：工作服被弄湿或受到了明显的污染，立即脱除并妥善处置。
5. 设施配备：应配备快速冲淋洗浴设备或眼冲洗设备，以应急使用。

五、应急处置

- 急救措施
  1. 皮肤：如果该化学物质直接接触皮肤，立即用肥皂水冲洗污染的皮肤。
  2. 眼睛：提起眼睑，用流动水清洗。就医。
  3. 吸入：迅速脱离现场，至空气新鲜处，保持呼吸道流畅。如有呼吸困难，进行输氧；呼吸心跳停止，立即进行心肺复苏术。就医。
  4. 误服：立即就医。

- 灭火
  用水灭火。禁止使用砂土、干粉灭火。

- 疏散和隔离（ERG）
  1. 泄漏隔离距离至少为 25 m。如果为大量泄漏，初始隔离距离的基础上加大下风向的疏散距离。
  2. 如果在火场中有储罐、槽车或罐车，周围至少隔离 800 m；同时考虑四周初始疏散距离 800 m。

- 现场环境应急（泄漏处置）
  1. 消除所有点火源（禁止吸烟，消除所有明火、火花或火焰）；作业时所有设备应接地；禁止接触或跨越泄漏物。
  2. 禁止直接接触污染物。作业时所有设备应接地。
  3. 确保安全时，关阀、堵漏等以切断泄漏源。
  4. 小量泄漏：用大量水冲洗泄漏区。
  5. 大量泄漏：在专业人员指导下清除。

硝酸钾

别名 / 商用名：硝石；智利硝；钾皂；软皂；火硝	
UN 号：1486	CAS 号：7757-79-1
分子式：KNO_3	分子量：101.10
熔点 / 凝固点：334 ℃	沸点：400 ℃
闪点：	
自燃温度：	爆炸极限：
GHS 危害标签：	GHS 危害分类： • 氧化性固体：类别 3 • 生殖毒性：类别 2 • 特定目标器官毒性 - 单次接触：类别 1 • 特定目标器官毒性 - 重复接触：类别 1
外观及性状：无色透明斜方或三方晶系颗粒或白色粉末。易溶于水，不溶于无水乙醇、乙醚	

二、现场快速检测方法

• 硝酸盐
  1. 试纸法：25 mg/L（检测限）。
  2. 便携式多参数水质检测仪：7.5~12.4 mg/L（检测范围）。

三、危险性

• 危险性类别：5.1 类　氧化剂

• 燃烧及爆炸危险性
  1. 助燃：遇可燃物着火时，能助长火势。与有机物、还原剂、易燃物如硫、磷等接触或混合时有引起燃烧爆炸的危险。
  2. 刺激性：燃烧分解时，放出有毒的氮氧化物气体。
  3. 强氧化剂：受热分解，放出氧气。

• 健康危害
  1. 极性毒性：LD_{50} = 3750 mg/kg（大鼠经口）。

X

2. 吸入：对呼吸道有刺激性，高浓度吸入可引起肺水肿。
3. 接触：引起高铁血红蛋白血症，影响血液携氧能力，出现头痛、头晕、紫绀、恶心、呕吐。重者引起呼吸紊乱、虚脱，甚至死亡。
4. 口服：剧烈腹痛、呕吐、血便、休克、全身抽搐、昏迷，甚至死亡。
5. 皮肤和眼睛：强烈刺激性，甚至造成灼伤。皮肤反复接触引起皮肤干燥、皲裂和皮疹。

四、个人防护建议（NIOSH）

1. 皮肤：穿聚乙烯防毒服，戴氯丁橡胶手套。
2. 呼吸：接触粉尘，佩戴头罩型电动送风过滤式防尘呼吸器。
3. 其他：工作现场禁止吸烟、进食和饮水。工作完毕，淋浴更衣。

五、应急处置

- 急救措施（NIOSH）
  1. 皮肤：脱去污染的衣着，流动清水冲洗。就医。
  2. 眼睛：提起眼睑，流动清水或生理盐水彻底冲洗。就医。
  3. 吸入：撤离现场至空气新鲜处。保持呼吸道通畅。如呼吸困难，进行输氧。如呼吸停止，进行人工呼吸。就医。
  4. 误服：用水漱口，给饮牛奶或蛋清。就医。

- 灭火
  雾状水、砂土灭火。切勿将水流直接射至熔融物，以免引起严重的流淌火灾或引起剧烈的沸溅。

- 疏散和隔离（ERG）
  1. 采取预防措施，大量泄漏时，考虑最初环境条件，下风向至少撤离 100 m。未经授权的人员禁止进入隔离区。
  2. 如火场有储罐、槽车或罐车，四周隔离 800 m；此外，考虑四周初始疏散距离 800 m。

- 现场环境应急（泄漏处置）
  1. 泄漏物远离可燃物（木材、纸、油等）。无防护措施时禁止直接接触污染物。在确保安全时，关阀、堵漏等以切断泄漏源。
  2. 小量泄漏：用大量水冲洗，洗水稀释后放入废水系统。
  3. 大量泄漏：用塑料布、帆布覆盖。然后收集回收或运至废物处理场所。

X

压缩氮

别名/商用名：氮气；高纯氮；液氮；液态氮；纯氮；氮；高纯液氮	
UN 号：1066	CAS 号：7727-37-9
分子式：N_2	分子量：28.01
熔点/凝固点：−209.8 ℃	沸点：−195.6 ℃
闪点：	
自燃温度：	爆炸极限：
GHS 危害标签：	GHS 危害分类： • 高压气体：压缩气体
外观及性状：无色无臭气体。微溶于水、乙醇。	

二、现场快速检测方法

便携式氮气检测仪（B1010-N_2）：体积分数 0~100%（检测范围）。

三、危险性

• **危险性类别**：2.2 类　不燃气体

• **燃烧及爆炸危险性**
  不燃。若遇高热，容器内压增大，有开裂和爆炸的危险。

• **健康危害**
  1. 空气中氮气含量过高，使吸入气氧分压下降，引起缺氧窒息。
  2. 吸入：低浓度时，胸闷、气短、疲软无力；继而有烦躁不安、极度兴奋、乱跑、叫喊、神情恍惚、步态不稳，可进入昏睡或昏迷状态。高浓度时，迅速昏迷、因呼吸和心跳停止而死亡。

3. 潜水员深潜时，可发生氮的麻醉作用；若从高压环境下过快转入常压环境，体内会形成氮气气泡，压迫神经、血管或造成微血管阻塞，发生"减压病"。

四、个人防护建议（NIOSH）

1. 皮肤：穿一般作业工作服，戴一般作业防护手套。
2. 呼吸：作业场所空气中氧气浓度低于 18% 时，必须佩戴空气呼吸器、氧气呼吸器或长管面具。
3. 其他：避免高浓度吸入。进入罐、限制性空间或其他高浓度区作业，须有人监护。

五、应急处置

- 急救措施（NIOSH）
  1. 吸入：脱离现场至空气新鲜处。保持呼吸道通畅。如呼吸困难，给输氧。如呼吸心跳停止，进行人工呼吸和胸外心脏按压术。就医。

- 灭火
  不燃。尽可能将容器从火场移至空旷处。喷水保持火场容器冷却，直至灭火结束。

- 疏散和隔离（ERG）
  1. 立即在所有方向上隔离泄漏区至少 100 m，如遇大量泄漏，考虑最初下风向撤离至少 100 m。
  2. 如火场有装运的桶罐、罐车发生火灾，在四周隔离 800 m；同时考虑四周初始疏散距离 800 m。

- 现场环境应急（泄漏处置）
  1. 撤离泄漏污染区人员至上风处；隔离污染区，严格限制出入。
  2. 应急处理人员戴自给正压式呼吸器，穿一般作业工作服。
  3. 切断泄漏源。合理通风，加速扩散。漏气容器要妥善处理，修复、检验后再用。

- 危险废物处置
  处置前应参阅国家和地方有关法规。废气直接排入大气。

Y

压缩氖

别名／商用名：氖；氖气	
UN 号：1065	CAS 号：7440-01-9
分子式：Ne	分子量：20.18
熔点／凝固点：−248.7 ℃	沸点：−245.9 ℃
闪点：	
自燃温度：	爆炸极限：
GHS 危害标签：	GHS 危害分类： • 高压气体：压缩气体
外观及性状：无色无臭气体。微溶于水。	

二、现场快速检测方法

便携式氖气检测仪（JK40-NE）：体积分数 0~10%，10%~20%，20%~50%，50%~100%（检测范围）。

三、危险性

• 危险性类别：2.2 类　不燃气体

• 燃烧及爆炸危险性
不燃，具窒息性。若遇高热，容器内压增大，有开裂和爆炸的危险。

• 健康危害
高浓度使空气中氧分压降低而有窒息的危险。表现有呼吸加快、注意力不集中、共济失调。继之疲倦乏力、烦躁不安、恶心、呕吐、昏迷、抽搐，以致死亡。

1. 皮肤：穿一般作业工作服，戴一般作业防护手套。
2. 呼吸：当作业场所空气中氧气浓度低于 18% 时，必须佩戴空气呼吸器、氧气呼吸器或长管面具。
3. 其他：避免高浓度吸入。进入罐、限制性空间或其他高浓度区作业，须有人监护。

五、应急处置

- 急救措施（NIOSH）
  吸入：脱离现场至空气新鲜处。保持呼吸道通畅。如呼吸困难，给输氧。如呼吸停止，进行人工呼吸。就医。

- 灭火
  不燃。尽可能将容器从火场移至空旷处。喷水保持火场容器冷却，直至灭火结束。

- 疏散和隔离（ERG）
  1. 立即在所有方向上隔离泄漏区至少 100 m，如遇大量泄漏，考虑最初下风向撤离至少 100 m。
  2. 如火场有装运的桶罐、罐车，在四周隔离 800 m；同时考虑四周初始撤离距离 800 m。

- 现场环境应急（泄漏处置）
  1. 撤离泄漏污染区人员至安全区；隔离污染区，严格限制出入。
  2. 应急处理人员戴自给正压式呼吸器，穿一般作业工作服。
  3. 切断泄漏源。合理通风，加速扩散。如可能，即时使用。漏气容器要妥善处理，修复、检验后再用。

- 危险废物处置
  处置前应参阅国家和地方有关法规。废气直接排入大气。

Y

压缩氩

一、基本信息	
别名/商用名：氩气；液氩；氩；灯泡氩；高纯氩	
UN 号：1006	CAS 号：7440-37-1
分子式：Ar	分子量：39.95
熔点/凝固点：−189.2 ℃	沸点：−185.7 ℃
闪点：	
自燃温度：	爆炸极限：
GHS 危害标签：	GHS 危害分类： • 高压气体：压缩气体
外观及性状：无色无臭。微溶于水。	

二、现场快速检测方法

便携式氩气检测仪（QT11-MD2XP-3140）：体积分数 0~100%（检测范围）。

三、危险性

• 危险性类别：2.2 类　不燃气体

• 燃烧及爆炸危险性
  1. 不燃气体。
  2. 容器受热可发生爆炸；破裂的钢瓶具有飞射危险。

• 健康危害
  1. 常气压下无毒。
  2. 高浓度时，使氧分压降低而发生窒息。浓度达 50% 以上，引起严重症状；75% 以上，在数分钟内死亡。
  3. 皮肤：液态氩可致冻伤。
  4. 眼睛：可引起炎症。

四、个人防护建议（NIOSH）

1. 皮肤：穿一般作业工作服，戴一般作业防护手套。
2. 呼吸：当作业场所空气中氧气浓度低于18%时，必须佩戴空气呼吸器、氧气呼吸器或长管面具。
3. 其他：避免高浓度吸入。进入罐、限制性空间或其他高浓度区作业，须有人监护。

五、应急处置

- 急救措施（NIOSH）：
  1. 皮肤：若有冻伤，就医治疗。
  2. 眼睛：提起眼睑，用流动清水或生理盐水冲洗。就医。
  3. 吸入：脱离现场至空气新鲜处。保持呼吸道通畅。如呼吸困难，给输氧。如呼吸停止，进行人工呼吸。就医。

- 灭火
  不燃。切断气源。喷水冷却容器，可将容器从火场移至空旷处。

- 疏散和隔离（ERG）
  1. 大量泄漏时，考虑最初环境条件，下风向至少撤离100 m。疏散无关人员；在上风处停留，切勿进入低洼处；进入密闭空间前先通风。
  2. 火场内如有储罐、槽车或罐车，四周隔离800 m；此外，考虑四周初始疏散距离800 m。

- 现场环境应急（泄漏处置）
  1. 禁止接触或跨越泄漏物。确保安全时，堵漏、翻转泄漏的容器，使其漏出气体而非液体。防止泄漏物进入水体、下水道、地下室或密闭空间。
  2. 禁止用水直接冲击泄漏物或泄漏源。喷雾状水抑制蒸气或改变蒸气云流向，避免水流接触泄漏物。允许泄漏物蒸发。泄漏场所保持通风。

- 危险废物处置
  处置前应参阅国家和地方有关法规。废气直接排入大气。

Y

亚磷酸三甲酯

一、基本信息

别名 / 商用名：三甲氧基磷	
UN 号：2329	CAS 号：121-45-9
分子式：$C_3H_9O_3P$	分子量：124.08
熔点 / 凝固点：–78 ℃	沸点：112 ℃
闪点：27 ℃	
自燃温度：	爆炸极限：
GHS 危害标签： 	GHS 危害分类： • 易燃液体：类别 3 • 皮肤腐蚀 / 刺激：类别 2 • 严重眼损伤 / 眼刺激：类别 2A • 特定目标器官毒性 - 单次接触 / 呼吸道刺激：类别 3 • 特定目标器官毒性 - 重复接触：类别 2
外观及性状：无色液体。	

二、现场快速检测方法

1. 便携式气相色谱仪：0.1 mg/L（检测限）。
2. 便携式气相色谱 - 质谱联用仪：2.92 μg/m³（检测限）。

三、危险性

• 危险性类别：3.3 类　高闪点液体

• 燃烧及爆炸危险性
  1. 易燃，有毒，具强刺激性。
  2. 蒸气与空气可形成爆炸性混合物，遇明火、高热能引起燃烧爆炸。与氧化剂可发生反应。
  3. 受热分解产生剧毒的氧化磷烟气。
  4. 蒸气比空气重，在较低处扩散到较远地方，遇火源会着火回燃。遇高热，容器内压增大，有开裂和爆炸的危险。

Y

- 健康危害
  1. 急性毒性：LD$_{50}$ = 1600 mg/kg（大鼠经口）。
  2. 吸入、摄入或经皮肤吸收：对身体有害，有强烈的刺激作用。
  3. 中毒表现：烧灼感、咳嗽、喘息、喉炎、气短、头痛、恶心、呕吐、化学性肺炎。

四、个人防护建议（NIOSH）

1. 皮肤：穿胶布防毒衣，戴橡胶耐油手套。
2. 呼吸：浓度超标，须佩戴自吸过滤式全面罩防毒面具。紧急事态抢救或撤离时，佩戴空气呼吸。
3. 其他：工作现场严禁吸烟。工作完毕，淋浴更衣。定期体检。

五、应急处置

- 急救措施（NIOSH）
  1. 皮肤：脱去污染衣着，流动清水冲洗，就医。
  2. 眼睛：提起眼睑，流动清水或生理盐水冲洗。就医。
  3. 吸入：脱离现场至空气新鲜处。保持呼吸道通畅。如呼吸困难，进行输氧。如呼吸停止，进行人工呼吸。就医。
  4. 误服：用水漱口，给饮牛奶或蛋清。就医。

- 灭火
  用雾状水、泡沫、干粉、二氧化碳灭火器及砂土。

- 疏散和隔离（ERG）
  1. 采取预防措施，大量泄漏时，考虑最初环境条件，下风向至少撤离 300 m。
  2. 火场内有储罐、槽车或罐车，四周隔离 800 m；此外，考虑四周初始疏散距离 800 m。

- 现场环境应急（泄漏处置）
  1. 消除点火源（吸烟、明火、火花或火焰）。禁止直接接触污染物。作业时所有设备应接地。确保安全时，关阀、堵漏等以切断泄漏源。
  2. 小量泄漏：用活性炭或其他惰性材料吸收。或用不燃性分散剂制成的乳液刷洗，洗液稀释后放入废水系统。
  3. 大量泄漏：构筑围堤或挖坑收容。用泡沫覆盖，降低蒸气灾害。用防爆泵转移至槽车或专用收集器内，回收或运至废物处理场所。

- 危险废物处置
  用焚烧法。焚烧炉排出的气体要通过洗涤器除去。

Y

亚硝酸钾

一、基本信息

别名 / 商用名：96.0% MIN	
UN 号：1488	CAS 号：7758-09-9
分子式：KNO_2	分子量：85.10
熔点 / 凝固点：387 ℃	沸点：分解
闪点：	
自燃温度：	爆炸极限：
GHS 危害标签：	GHS 危害分类： • 氧化性固体：类别 2 • 急毒性 - 口服：类别 3 • 危害水生环境 - 急性毒性：类别 1
外观及性状：白色至微黄色棱柱形或条状结晶，易潮解。易溶于水，不溶于丙酮，微溶于乙醇。	

二、现场快速检测方法

• 亚硝酸根
  1. 试纸法（德国 MN- 亚硝酸盐快速检测试纸）：0~1~5~10~20~40~80 mg/L（检测范围）。
  2. 紫外 - 可见分光光度仪（重氮化偶联法）：0.02~0.5 mg/L（检测范围）。
  3. 便携式离子色谱仪（EP-600）：0.01 mg/L（检测限）。

三、危险性

• 危险性类别：5.1 类　氧化剂

• 燃烧及爆炸危险性
  1. 助燃，有刺激性。
  2. 无机氧化剂。与有机物、可燃物的混合物能燃烧和爆炸，并放出有毒和刺激性的氧化氮气体。与铵盐、可燃物粉末或氰化物的混合物会爆炸。

Y

3. 加热或遇酸能产生剧毒的氮氧化物气体。

- 健康危害
  1. 急性毒性：LD_{50} = 200 mg/kg（大鼠经口）。
  2. 口服：刺激口腔和胃肠道。大量口服可引起亚硝酸盐中毒，表现有紫绀、血压下降、呼吸困难、恶心、呕吐、头晕、腹痛、心率快、心律不齐、惊厥、昏迷，甚至死亡。
  3. 吸入：粉尘对呼吸道有刺激性；高浓度吸入的毒作用类似口服。
  4. 眼及皮肤：有刺激性。

四、个人防护建议（NIOSH）

1. 皮肤：穿聚乙烯防毒服，戴橡胶手套。
2. 眼睛：戴化学安全防护眼镜。
3. 呼吸：接触粉尘时，建议佩戴自吸过滤式防尘口罩。
4. 其他：工作现场禁止吸烟、进食及饮水。工作完毕，淋浴更衣。

五、应急处置

- 急救措施（NIOSH）
  1. 皮肤：脱去污染衣着，用肥皂水和清水冲洗皮肤。
  2. 眼睛：提起眼睑，用流动清水或生理盐水冲洗。就医。
  3. 吸入：脱离现场至空气新鲜处。保持呼吸道通畅。如呼吸困难，进行输氧。如呼吸停止，立即进行人工呼吸。就医。
  4. 误服：饮足量温水，催吐。就医。

- 灭火
  用雾状水、砂土或无机氧化剂。

- 疏散和隔离（ERG）
  1. 采取预防措施，大量泄漏时，考虑最初环境条件，下风向至少撤离 100 m。
  2. 火场内如有储罐、槽车或罐车，四周隔离 800 m；此外，考虑四周初始疏散距离 800 m。

- 现场环境应急（泄漏处置）
  1. 泄漏物远离可燃物（木材、纸、油等）。无防护措施时，禁止直接接触污染物。确保安全时，关阀、堵漏等以切断泄漏源。
  2. 小量泄漏：用洁净的铲子收集于干燥、洁净、有盖的容器中。
  3. 大量泄漏：收集回收或运至废物处理场所。

Y

液化石油气

一、基本信息

别名 / 商用名：压凝汽油；石油液压气	
UN 号：1075	CAS 号：68476-85-7
分子式：	分子量：
熔点 / 凝固点：	沸点：
闪点：–74 ℃	
自燃温度：426~537 ℃	爆炸极限：5%~33%（体积比）
GHS 危害标签： 	GHS 危害分类： • 易燃气体：类别 1A • 高压气体：压缩气体 • 生殖细胞致突变型：类别 1B
外观及性状：纯品为无色，无腐蚀性，无色气体或黄棕色油状液体，有特殊臭味。	

二、现场快速检测方法

可燃气体检漏仪（CRP-A600）：0~1000 μL/L，0~10000 μL/L（检测范围）。

三、危险性

- **危险性类别**：2.1 类　易燃气体

- **燃烧及爆炸危险性**
  1. 极易燃，与空气混合能形成爆炸性混合物，遇热源或明火有燃烧爆炸危险。
  2. 比空气重，能在较低处扩散到相当远的地方，遇点火源会着火回燃。
  3. 在火场中，受热的容器有爆炸危险。

- **健康危害**
  1. 急性毒性：大鼠吸入 LC_{50} = 658000 mg/m³（4 h，丁烷）
  2. 主要侵犯中枢神经系统。

Y

3. 急性液化气轻度中毒主要表现为头昏、头痛、咳嗽、食欲减退、乏力、失眠等。
4. 液化石油气发生泄漏时会吸收大量的热量造成低温，引起皮肤冻伤。

四、个人防护建议（NIOSH）

1. 皮肤：穿内置正压自给式空气呼吸器的全封闭防化服。
2. 眼睛：佩戴合适的眼部防护用品。
3. 呼吸：戴正压自给式空气呼吸器。
4. 设施配备：应配备快速冲淋洗浴设备或眼冲洗设备，以应急使用。

五、应急处置

- 急救措施
  1. 皮肤：如果该化学物质直接接触皮肤，立即用水冲洗污染的皮肤。
  2. 眼睛：提起眼睑，用流动水清洗。就医。
  3. 吸入：迅速脱离现场，至空气新鲜处，保持呼吸道流畅。如有呼吸困难，进行输氧；呼吸心跳停止，立即进行心肺复苏术。就医。
  4. 误服：立即就医。

- 灭火
  用雾状水、泡沫或二氧化碳灭火器。

- 疏散和隔离（ERG）
  1. 泄漏隔离距离至少为 100 m。如果为大量泄漏，下风向的初始疏散距离应至少为 800 m。
  2. 火场内如有原油储罐、槽车或罐车，四周隔离 1600 m。考虑撤离隔离区的人员、物资；疏散无关人员并划定警戒区；在上风处停留，切勿进入低洼处；进入密闭空间之前必须先通风。

- 现场环境应急（泄漏处置）
  1. 消除所有点火源（禁止吸烟，消除所有明火、火花或火焰）。禁止接触或跨越泄漏物。
  2. 使用防爆的通信工具。
  3. 禁止直接接触污染物。作业时所有设备应接地。
  4. 确保安全时，关阀、堵漏等以切断泄漏源。

一甲胺

一、基本信息

别名 / 商用名：氨基甲烷；甲胺	
UN 号: 1061	CAS 号: 74-89-5
分子式: CH_5N	分子量: 31.10
熔点 / 凝固点: –93.5 ℃	沸点: –6.8 ℃
闪点:	
自燃温度: 430 ℃	爆炸极限: 4.9%~20.8%（体积比）
GHS 危害标签：	GHS 危害分类： • 易燃气体：类别 1A • 高压气体：压缩气体 • 皮肤腐蚀 / 刺激：类别 2 • 严重眼损伤 / 眼刺激：类别 1 • 特定目标器官毒性 - 单次接触 / 呼吸道刺激：类别 3
外观及性状：无色气体，有似氨的气味。易溶于水，溶于乙醇、乙醚等。	

二、现场快速检测方法

1. 甲基胺类检测管（227S）: 1~20 μL/L（检测范围）。
2. 便携式一甲胺检测仪: 0~10 μL/L，0~50 μL/L，0~100 μL/L，0~1000 μL/L，0~ 5000 μL/L（检测范围）。

三、危险性

• 危险性类别: 2.1 类　易燃气体

• 燃烧及爆炸危险性
  1. 极易燃。
  2. 与空气混合能形成爆炸性混合物，接触热、火星、火焰或氧化剂易燃烧爆炸。

- 健康危害
  1. 急性毒性：$LC_{50} = 2400 \ mg/m^3$（2 h，小鼠吸入）。
  2. 吸入后，可引起咽喉炎、支气管炎、支气管肺炎，重者可致肺水肿、呼吸窘迫综合征而死亡；极高浓度吸入引起声门痉挛、喉水肿而很快窒息死亡。
  3. 眼和皮肤有强烈刺激和腐蚀性，可致严重灼伤。
  4. 口服溶液可致口、咽、食道灼伤。

四、个人防护建议（NIOSH）

1. 皮肤：穿防毒、防静电、防腐服。
2. 眼睛：佩戴合适的眼部防护用品。
3. 呼吸：佩戴正压自给式空气呼吸器。
4. 衣物：如果工作服被可燃性物质浸湿，应当立即脱除并妥善处置。
5. 设施配备：应配备快速冲淋洗浴设备或眼冲洗设备，以应急使用。

五、应急处置

- 急救措施
  1. 皮肤：如未冻伤，立即用肥皂水冲洗；如冻伤，立即就医。
  2. 眼睛：提起眼睑，用流动水清洗。就医。
  3. 吸入：迅速脱离现场，至空气新鲜处，保持呼吸道流畅。如有呼吸困难，进行输氧；呼吸心跳停止，立即进行心肺复苏术。就医。
  4. 误服：立即就医。

- 灭火
  用雾状水、抗溶性泡沫、干粉或二氧化碳灭火器。

- 疏散和隔离（ERG）
  1. 立即在所有方向上隔离泄漏区至少 100 m，如遇大量泄漏，考虑最初下风向撤离至少 800 m。
  2. 火场内如有储罐、槽车或罐车，四周隔离 800 m。考虑初始撤离 800 m。

- 现场环境应急（泄漏处置）
  1. 消除所有点火源（禁止吸烟，消除所有明火、火花或火焰）；作业时所有设备应接地；禁止接触或跨越泄漏物。
  2. 禁止直接接触污染物。作业时所有设备应接地。
  3. 确保安全时，关阀、堵漏等以切断泄漏源。
  4. 小量泄漏：用砂土或其他不燃材料吸收。使用洁净的无火花工具收集吸收材料。
  5. 大量泄漏：构筑围堤或挖坑收容。用石灰粉吸收大量液体。用泡沫覆盖，减少蒸发。喷水雾能减少蒸发，但不能降低泄漏物在受限制空间内的易燃性。用防爆泵转移至槽车或专用收集器内。

Y

251

一氧化碳

一、基本信息

别名 / 商用名：烟道气；废气；烟气	
UN 号：1016	CAS 号：630-08-0
分子式：CO	分子量：28.01
熔点 / 凝固点：–199.1 ℃	沸点：–191.4 ℃
闪点：<–50 ℃	
自燃温度：610 ℃	爆炸极限：12.5%~74.2%
GHS 危害标签：	GHS 危害分类： • 易燃气体：类别 1A • 高压气体：压缩气体 • 急性毒性 - 吸入：类别 3 • 生殖毒性：类别 1A • 特异性靶器官毒性 - 反复接触： 类别 1
外观及性状：无色、无臭气体。微溶于水，溶于乙醇、苯等有机溶剂。	

二、现场快速检测方法

　　GASTEC 一氧化碳检测管：5~0 μL/L（检测范围）；1 μL/L（检测限）。

三、危险性

• 危险性类别：2.1 类　易燃气体

• 燃烧及爆炸危险性
　1.　易燃。
　2.　与空气混合能形成爆炸性混合物，遇明火或高热能引起燃烧爆炸。

Y

- 健康危害
1. 急性毒性：LC_{50} = 1807 mg/L（4 h，大鼠吸入），2444 mg/L（4 h，小鼠吸入）。
2. 导致低氧血症，而造成组织缺氧。轻度中毒者出现剧烈头痛、头晕、耳鸣、心悸、恶心、呕吐、无力；中度中毒者除上述症状外，意识障碍表现为浅至中度昏迷，但经抢救后恢复且无明显后发症；重度患者出现深度昏迷或去大脑强直状态、休克、脑水肿、肺水肿、严重心肌损害、锥体系或锥体外系损害、呼吸衰竭等。

四、个人防护建议（NIOSH）

1. 皮肤：穿防静电服。
2. 眼睛：佩戴合适的眼部防护用品。
3. 呼吸：佩戴正压自给式空气呼吸器。
4. 衣物脱除：工作服被可燃性物质浸湿，应当立即脱除并妥善处置。
5. 设施配备：应配备快速冲淋洗浴设备或眼冲洗设备，以应急使用。

五、应急处置

- 急救措施
1. 皮肤：如未冻伤，立即用肥皂水冲洗；如果冻伤，立即就医。
2. 眼睛：提起眼睑，用流动水清洗。就医。
3. 吸入：迅速脱离现场，至空气新鲜处，保持呼吸道流畅。如有呼吸困难，进行输氧。如呼吸心跳停止，立即进行心肺复苏术。就医。

- 灭火
用雾状水、泡沫、二氧化碳或干粉灭火器。

- 疏散和隔离（ERG）
1. 小量泄漏，初始隔离 30 m，下风向疏散白 1 天 100 m、夜晚 100 m；大量泄漏，初始隔离 150 m，下风向疏散白天 700 m、夜晚 2700 m。
2. 火场内如有储罐、槽车或罐车，四周隔离 1600 m。考虑初始撤离 1600 m。

- 现场环境应急（泄漏处置）
1. 消除所有点火源（禁止吸烟，消除所有明火、火花或火焰）。禁止接触或跨越泄漏物。
2. 使用防爆的通信工具。
3. 禁止直接接触污染物。作业时所有设备应接地。
4. 确保安全时，关阀、堵漏等以切断泄漏源。

Y

乙醚

一、基本信息

别名/商用名: 二乙(基)醚; 溶剂醚	
UN 号: 1155	CAS 号: 60-29-7
分子式: $C_4H_{10}O$	分子量: 74.12
熔点/凝固点: –116 ℃	沸点: 35 ℃
闪点: –45 ℃(闭杯)	
自燃温度: 160~180 ℃	爆炸极限: 1.7%~49.0%(体积比)
GHS 危害标签:	GHS 危害分类: • 易燃液体: 类别 1 • 特定目标器官毒性 - 单次接触/麻醉效应: 类别 3
外观及性状: 无色透明液体,有芳香气味,极易挥发。微溶于水,溶于乙醇、苯、氯仿、等多数有机溶剂。	

二、现场快速检测方法

1. 乙醚浓度检测管(GASTEC 161L): 10~400 μL/L, 400~1200 μL/L(检测范围); 2 μL/L(检测限)。
2. 手持式乙醚检测仪(TD-SKY2000-$C_4H_{10}O$): 0~10 μL/L, 0~50 μL/L, 0~100 μL/L, 0~500 μL/L, 0~1000 μL/L(检测范围)。
3. 便携式环境气体检测仪(pGas200-PSED-20s): 0.1~100 μL/L(检测范围)。

三、危险性

• 危险性类别: 3.1 类 低闪点易燃液体

• 燃烧及爆炸危险性
  1. 极易燃。与空气可形成爆炸性混合物,遇明火、高热有燃烧爆炸的危险。
  2. 蒸气比空气重,能在较低处扩散到相当远的地方,遇明火会着火回燃。

Y

- 健康危害
  1. 急性毒性：LD_{50} = 1215 mg/kg（大鼠经口）；LC_{50} = 221190 mg/m^3（2 h，大鼠吸入）
  2. 长期低浓度吸入，有头痛、头晕、疲倦、嗜睡、蛋白尿、红细胞增多症。
  3. 液体或高浓度蒸气对眼有刺激性。
  4. 长期皮肤接触，可发生皮肤干燥、皲裂。

四、个人防护建议（NIOSH）

1. 皮肤：穿全身消防服。
2. 眼睛：佩戴合适的眼部防护用品。
3. 呼吸：佩戴防毒面具。
4. 衣物脱除：工作服被弄湿或受到了明显的污染，立即脱除并妥善处置。
5. 设施配备：应配备快速冲淋洗浴设备或眼冲洗设备，以应急使用。

五、应急处置

- 急救措施
  1. 皮肤：如该物质直接接触皮肤，立即用水冲洗污染的皮肤。
  2. 眼睛：提起眼睑，用流动水清洗。就医。
  3. 吸入：迅速脱离现场，至空气新鲜处，保持呼吸道流畅。如呼吸困难，进行输氧。如呼吸心跳停止，立即进行心肺复苏术。就医。

- 灭火
  用干粉、二氧化碳。用水灭火无效（闪点低）。

- 疏散和隔离（ERG）
  1. 泄漏隔离距离至少为 50 m。如果为大量泄漏，下风向的初始疏散距离应至少为 300 m。
  2. 如果在火场中有储罐、槽车或罐车，周围至少隔离 800 m；同时考虑四周初始疏散距离 800 m。

- 现场环境应急（泄漏处置）
  1. 消除所有点火源（禁止吸烟，消除所有明火、火花或火焰）；作业时所有设备应接地；禁止接触或跨越泄漏物。
  2. 禁止直接接触污染物。作业时所有设备应接地。
  3. 确保安全时，关阀、堵漏等以切断泄漏源。
  4. 小量泄漏：用土、砂或其他不燃性材料吸收或覆盖并收集于容器中，使用洁净的非火花工具收集。
  5. 大量泄漏：在液体泄漏物前方筑堤收容。

乙醛

一、基本信息

别名/商用名：醋醛	
UN 号：1089	CAS 号：75-07-0
分子式：C_2H_4O	分子量：44.05
熔点/凝固点：–123.5 ℃	沸点：20.8 ℃
闪点：–39 ℃	
自燃温度：140 ℃	爆炸极限：4.0%~57.0%（体积比）
GHS 危害标签： 	GHS 危害分类： • 易燃液体：类别 1 • 严重眼损伤/眼刺激：类别 2A • 特定目标器官毒性 - 单次接触/呼吸道刺激：类别 3 • 致癌性：类别 2
外观及性状：无色液体，有强烈的刺激臭味。溶于水，可混溶于乙醇、乙醚。	

二、现场快速检测方法

1. 乙醛检测剂盒（K-ACHYD）：0.18 μL/L（检测限）。
2. 手持泵吸式乙醛检测仪（TionC$_2$H$_4$O-100）：0~10 μL/L，0~20 μL/L，0~50 μL/L，0~100 μL/L，0~200 μL/L（检测范围）。

三、危险性

• 危险性类别：3.1 类 低闪点易燃液体

• 燃烧及爆炸危险性
1. 易燃。其蒸气与空气能形成爆炸性混合物，遇明火、高温有燃烧爆炸危险。
2. 蒸气比空气重，能在较低处扩散到相当远的地方，遇火源会着火回燃。
3. 久置在空气中能产生有爆炸性的过氧化物。

• 健康危害
1. 急性毒性：LD_{50} = 1.93 g/kg（大鼠经口）。
2. 高浓度吸入：有麻醉作用，表现有头痛、嗜睡、神志不清及支气管炎、肺水肿、腹泻、蛋白尿、肝和心肌脂肪性变，可致死。

Y

3. 眼睛：有刺激作用。
4. 皮肤：有刺激作用，长期接触会引起皮炎、结膜炎等。
5. 误服：出现胃肠道刺激症状、麻醉作用及心、肝、肾损害。

四、个人防护建议（NIOSH）

1. 皮肤：穿防静电工作服，戴橡胶手套。
2. 眼睛：佩戴化学安全防护镜。
3. 呼吸：佩戴自给式呼吸器。
4. 衣物脱除：如果工作服被可燃性物质浸湿，应当立即脱除并妥善处置。
5. 设施配备：应配备快速冲淋洗浴设备或眼冲洗设备，以应急使用。

五、应急处置

- 急救措施
  1. 皮肤：如果该化学物质直接接触皮肤，立即用水冲洗污染的皮肤。
  2. 眼睛：提起眼睑，用流动水清洗。就医。
  3. 吸入：迅速脱离现场，至空气新鲜处，保持呼吸道流畅。如有呼吸困难，进行输氧。如呼吸心跳停止，立即进行心肺复苏术。就医。
  4. 误服：立即就医。

- 灭火
  用抗溶性泡沫、二氧化碳、干粉灭火器。用水灭火无效（闪点低）。

- 疏散和隔离（ERG）
  1. 泄漏隔离距离至少为 50 m，如果为大量泄漏，下风向的初始疏散隔离距离至少为 300 m。
  2. 火场内如有储罐、槽车或罐车，四周隔离 800 m。考虑初始撤离 800 m。

- 现场环境应急（泄漏处置）
  1. 消除所有点火源（禁止吸烟，消除所有明火、火花或火焰）；作业时所有设备应接地；禁止接触或跨越泄漏物。
  2. 禁止直接接触污染物。作业时所有设备应接地。
  3. 确保安全时，关阀、堵漏等以切断泄漏源。
  4. 小量泄漏：用砂土或其他不燃材料吸收。使用洁净的无火花工具收集吸收材料。
  5. 大量泄漏：构筑围堤或挖坑收容。用石灰粉吸收大量液体。用硫酸氢钠中和。用抗溶性泡沫覆盖，减少蒸发。喷水雾能减少蒸发，但不能降低泄漏物在受限制空间内的易燃性。用防爆泵转移至槽车或专用收集器内。喷雾状水驱散蒸气、稀释液体泄漏物。

- 危险废物处置
  用焚烧法。

257

乙炔

一、基本信息

别名/商用名: 电石气; 乙炔气; 溶解乙炔	
UN 号: 3374	CAS 号: 74-86-2
分子式: C_2H_2	分子量: 26.04
熔点/凝固点: −81.8 ℃ (119 kPa)	沸点: −83.8 ℃
闪点: 不适用（气体）	
自燃温度: 305℃	爆炸极限: 2.1%~80%（体积比）
GHS 危害标签:	GHS 危害分类: • 易燃气体: 类别 1A • 化学不稳定性气体: A 类 • 高压气体: 压缩气体
外观及性状: 无色无臭气体, 工业品有使人不愉快的大蒜气味。微溶于水、乙醇, 溶于丙酮、氯仿、苯。	

二、现场快速检测方法

泵吸式乙炔检测仪: 0~100 μL/L, 0~200 μL/L, 0~500 μL/L, 0~1000 μL/L（检测范围）。

三、危险性

• 危险性类别: 2.1 类　易燃气体

• 燃烧及爆炸危险性

易燃。与空气形成范围广阔的爆炸性混合物, 遇明火或高热能引起燃烧爆炸。

• 健康危害

1. 急性毒性: LC_{50} = 900000 mg/kg（2 h, 大鼠经口）。
2. 吸入: 长期接触会引起上呼吸道刺激症状及支气管炎等。高浓度吸入可引起单纯性窒息, 表现有头痛、嗜睡、神志不清及支气管炎、肺水肿、腹泻、蛋白尿、肝和心肌脂肪性变, 可致死。

Y

3. 皮肤：长期接触会引起皮炎。
4. 眼睛：长期接触会引起结膜炎。
5. 误服：出现胃肠道刺激症状、麻醉作用及心、肝、肾损伤。

四、个人防护建议（NIOSH）

1. 皮肤：佩戴橡胶手套、穿防静电服。
2. 眼睛：高浓度接触时应佩戴化学安全防护眼镜。
3. 呼吸：佩戴正压自给式空气呼吸器。
4. 衣物脱卸：工作服被可燃性物质浸湿，应当立即脱除并妥善处置。
5. 设施配备：应配备快速冲淋洗浴设备或眼冲洗设备，以应急使用。

五、应急处置

- 急救措施
  1. 皮肤：如未冻伤，立即用肥皂水冲洗；如果冻伤，立即就医。
  2. 眼睛：提起眼睑，用流动水清洗。就医。
  3. 吸入：迅速脱离现场，至空气新鲜处，保持呼吸道流畅。如有呼吸困难，进行输氧。如呼吸心跳停止，立即进行心肺复苏术。就医。

- 灭火
  小火时，用干粉或二氧化碳灭火器。
  大火时，用水幕或雾状水灭火，避免水流接触泄漏物。

- 疏散和隔离（ERG）
  1. 泄漏隔离距离至少为 100 m，如果为大量泄漏，下风向的初始疏散隔离距离至少为 800 m。
  2. 火场内如果有储罐、槽车或罐车，四周隔离 1600 m，并考虑四周初始撤离距离 1600 m。

- 现场环境应急（泄漏处置）
  1. 消除所有点火源（禁止吸烟，消除所有明火、火花或火焰）。禁止接触或跨越泄漏物。
  2. 使用防爆的通信工具。
  3. 禁止直接接触污染物。作业时所有设备应接地。
  4. 确保安全时，关阀、堵漏等以切断泄漏源。
  5. 小量泄漏：用砂土或其他不燃材料吸附或吸收泄漏物。并收集吸附物，运输至危险废物处置场所进行焚烧处理。
  6. 大量泄漏：构筑围堰或挖坑收集，并用泡沫覆盖，降低蒸气灾害。用防爆泵转移到槽车或专用收集器内，回收并运输到危险废物处置场所。

- 危险废物处置
  用焚烧法。

Y

乙酸

一、基本信息

别名 / 商用名：冰醋酸；酸（食品级）；冰乙酸；无水乙酸；醋酸	
UN 号：2789	CAS 号：64-19-7
分子式：$C_2H_4O_2$	分子量：60.05
熔点 / 凝固点：16.7 ℃	沸点：118.1 ℃
闪点：39 ℃	
自燃温度：463 ℃	爆炸极限：4.0%~17.0%
GHS 危害标签：	GHS 危害分类： • 易燃液体：类别 3 • 皮肤腐蚀 / 刺激：类别 1A • 严重眼损伤 / 眼刺激：类别 1
外观及性状：无色透明液体或结晶，有刺激性气味。溶于水。与碱发生放热中和反应。	

二、现场快速检测方法

　　检气管（216S）：1~50 mg/L（检测范围）。

三、危险性

- 危险性类别：8.1 类　酸性腐蚀性物质

- 燃烧及爆炸危险性
  1. 易燃，蒸气与空气形成爆炸性混合物，遇明火、高热能可燃烧或爆炸。
  2. 蒸气比空气重，能在较低处扩散到较远的地方，遇明火会着火回燃。

- 健康危害
  1. 急性毒性：LD_{50} = 1060 mg/kg（兔经皮），13791 mg/kg（小鼠吸入）；3310 mg/kg（1 h，大鼠经口）。
  2. 吸入蒸气：对鼻、喉和呼吸道有刺激，吸入高浓度可引起迟发性肺水肿。

Y

3. 眼睛：强烈刺激。
4. 皮肤：轻者出现红斑，重者引起化学灼伤。
5. 误服：消化道灼烧。

四、个人防护建议（NIOSH）

1. 皮肤：穿防酸碱塑料工作服，戴橡胶耐酸碱手套。
2. 眼睛：戴化学安全防护眼镜。
3. 呼吸：浓度超标，佩戴自吸过滤式半面罩防毒面具。紧急事态抢救或撤离时，佩戴空气呼吸器。
4. 其他：工作现场严禁吸烟。工作完毕，淋浴更衣。

五、应急处置

- 急救措施
  1. 皮肤：脱去污染衣着，流动清水冲洗。就医。
  2. 眼睛：提起眼睑，流动水清洗或生理盐水冲洗。就医。
  3. 吸入：脱离现场，至空气新鲜处，保持呼吸道流畅。如呼吸困难，进行输氧。如呼吸心跳停止，进行心肺复苏术。就医。
  4. 误服：用水漱口，给饮牛奶或蛋清。就医。

- 灭火
  用干粉、二氧化碳灭火器、雾状水或抗溶性泡沫。

- 疏散和隔离（ERG）
  1. 污染范围不明时，初始隔离至少 300 m，下风向疏散至少1000 m。气体浓度检测后，根据实际浓度，调整隔离、疏散距离。
  2. 火场内如有原油储罐、槽车或罐车，四周隔离800 m。考虑撤离隔离区的人员、物资；疏散无关人员并划定警戒区；在上风处停留，切勿进入低洼处；进入密闭空间前必须先通风。

- 现场环境应急（泄漏处置）
  1. 消除所有点火源（吸烟、明火、火花或火焰）；使用防爆通信工具。作业时所有设备应接地；禁止接触或跨越泄漏物。
  2. 确保安全时，关阀、堵漏以切断泄漏源；筑堤或挖沟槽收容泄漏物，防止进入水体、下水道、地下室或限制性空间；用抗性泡沫覆盖泄漏物，减少挥发；喷雾状水溶解、稀释挥发的蒸气；用砂石或其他不燃材料吸收泄漏物；用石灰、石灰石或碳酸氢钠中和污染物。
  3. 水体泄漏：沿河两岸进行警戒，严禁取水、用水、捕捞等，在下游筑坝拦截污染水，在上游开渠引流，让清洁水绕过污染带，加入碳酸氢钠稀碱液中和污染物。

- 危险废物处置
  用焚烧法。

Y

乙酸乙烯酯

一、基本信息

别名 / 商用名：乙酸乙烯；醋酸乙烯；VAC	
UN 号：1301	CAS 号：108-05-4
分子式：$C_4H_6O_2$	分子量：86.09
熔点 / 凝固点：−93.2 ℃	沸点：71.8~73 ℃
闪点：−8 ℃	
自燃温度：402 ℃	爆炸极限：2.6%~13.4%
GHS 危害标签： 	GHS 危害分类： • 易燃液体：类别 2 • 致癌性：类别 2 • 特定目标器官毒性 - 单次接触 / 呼吸道刺激：类别 3 • 危害水生环境 - 慢性毒性：类别 3
外观及性状：无色液体，具有甜的醚味。微溶于水，溶于醇、醚、丙酮、苯、氯仿。	

二、现场快速检测方法

1. 气体检测管（143Gastec）：10~100 mg/L，100~250 mg/L（检测范围）。
2. 便携式气相色谱仪：0.51~50 mg/L（检测范围）。

三、危险性

- 危险性类别：3.2 类　中闪点易燃液体

- 燃烧及爆炸危险性
  1. 易燃，具刺激性。
  2. 蒸气与空气可形成爆炸性混合物，遇明火、高热能引起燃烧爆炸。与氧化剂能发生强烈反应。
  3. 极易受热、光或微量的过氧化物作用而聚合，含有抑制剂的商品与过氧化物接触也能猛烈聚合。
  4. 蒸气比空气重，在较低处扩散到较远的地方，遇火源会着火回燃。

- 健康危害
  1. 急性毒性：LD_{50} = 2900 mg/kg（大鼠经口），2500 mg/kg（兔经皮）；LC_{50} = 14080 mg/m³（4 h，大鼠吸入）。
  2. 对眼睛、皮肤、黏膜和上呼吸道有刺激性。长时间接触有麻醉作用。

四、个人防护建议（NIOSH）

1. 皮肤：穿防静电工作服，戴橡胶耐油手套。
2. 眼睛：戴化学安全防护眼镜。
3. 呼吸：接触蒸气，应佩戴自吸过滤式半面罩防毒面具。紧急事态抢救或撤离时，佩戴空气呼吸器。
4. 其他：工作现场严禁吸烟。工作完毕，淋浴更衣。

五、应急处置

- 急救措施（NIOSH）
  1. 皮肤：脱去污染衣着，用肥皂水和清水冲洗皮肤。
  2. 眼睛：提起眼睑，用流动清水或生理盐水冲洗，就医。
  3. 吸入：脱离现场至空气新鲜处，保持呼吸道通畅。如呼吸困难，给输氧。如呼吸停止，进行人工呼吸，就医。
  4. 误服：饮足量温水，催吐。就医。

- 灭火
  用抗溶性泡沫、二氧化碳、干粉灭火器或砂土。用水灭火无效。

- 疏散和隔离（ERG）
  1. 采取预防措施，大量泄漏时，考虑最初环境条件，下风向至少撤离 300 m。
  2. 火场内如有储罐、槽车或罐车，四周隔离 800 m；此外，考虑四周初始疏散距离 800 m。

- 现场环境应急（泄漏处置）
  1. 消除所有点火源（吸烟、明火、火花或火焰）。禁止直接接触污染物。作业时所有设备应接地。确保安全时，关阀、堵漏等以切断泄漏源。
  2. 小量泄漏：用砂土或其他不燃材料吸附或吸收。或用不燃性分散剂制成的乳液刷洗，洗液稀释后放入废水系统。
  3. 大量泄漏：构筑围堤或挖坑收容。喷雾状水或泡沫冷却、稀释蒸气、保护现场人员。用防爆泵转移至槽车或专用收集器内，回收或运至废物处理场所。

- 危险废物处置
  用焚烧法。

Y

乙酸乙酯

一、基本信息

别名 / 商用名：醋酸乙酯	
UN 号：1173	CAS 号：141-78-6
分子式：$C_4H_8O_2$	分子量：88.10
熔点 / 凝固点：–83.6 ℃	沸点：77.2 ℃
闪点：–4 ℃（闭杯）	
自燃温度：426 ℃	爆炸极限：2.0%～11.5%（体积比）
GHS 危害标签： 	GHS 危害分类： • 易燃液体：类别 2 • 严重眼损伤 / 眼刺激：类别 2A • 特定目标器官毒性 - 单次接触、麻醉效应：类别 3
外观及性状：无色澄清液体，有芳香气味，易挥发。微溶于水，溶于醇、酮、醚、氯仿等多数有机溶剂。	

二、现场快速检测方法

1. 乙酸乙酯检测管（111U）：10～1000 mg/L（检测范围）。
2. 手持式乙酸乙酯检测仪（TD-1200H-$C_4H_8O_2$）：0～10 mg/L，0～50 mg/L，0～100 mg/L，0～500 mg/L，0～1000 mg/L，0～5000 mg/L（检测范围）。

三、危险性

• 危险性类别：3.2 类　中闪点易燃液体

• 燃烧及爆炸危险性
 1. 易燃。
 2. 其蒸气与空气混合，能形成爆炸性混合物。遇明火、高热能引起燃烧爆炸。

• 健康危害
 1. 急性毒性：LD_{50} = 5620 mg/kg（大鼠经口）。
 2. 持续大量吸入，可致呼吸麻痹。

Y

3. 对眼睛有刺激作用。
4. 误服者可产生恶心、呕吐、腹痛、腹泻等。

四、个人防护建议（NIOSH）

1. 皮肤：穿防静电、防腐、防毒服。
2. 眼睛：佩戴合适的眼部防护用品。
3. 呼吸：佩戴正压自给式空气呼吸器。
4. 衣物脱除：如果工作服被可燃性物质浸湿，应当立即脱除并妥善处置。
5. 设施配备：应配备快速冲淋洗浴设备或眼冲洗设备，以应急使用。

五、应急处置

- 急救措施
  1. 皮肤：如果该化学物质直接接触皮肤，立即用水冲洗污染的皮肤。
  2. 眼睛：提起眼睑，用流动水清洗。就医。
  3. 吸入：迅速脱离现场，至空气新鲜处，保持呼吸道流畅。如呼吸困难，进行输氧。如呼吸心跳停止，立即进行心肺复苏术。就医。
  4. 误服：立即就医。

- 灭火
  用抗溶性泡沫、二氧化碳、干粉灭火器或砂土。用水灭火无效，但可用水保持火场中容器冷却。

- 疏散和隔离（ERG）
  1. 泄漏隔离距离至少为 50 m。如果为大量泄漏，下风向的初始疏散距离应至少为 300 m。
  2. 火场内如有储罐、槽车或罐车，四周隔离 800 m。考虑初始撤离 800 m。

- 现场环境应急（泄漏处置）
  1. 消除所有点火源（禁止吸烟，消除所有明火、火花或火焰）；作业时所有设备应接地；禁止接触或跨越泄漏物。
  2. 禁止直接接触污染物。作业时所有设备应接地。
  3. 确保安全时，关阀、堵漏以切断泄漏源。
  4. 小量泄漏：用沙土或其他不燃性吸附剂混合吸收。使用洁净的无火花工具收集吸收材料。
  5. 大量泄漏：构筑围堤或挖坑收容。用泡沫覆盖，减少蒸发。喷水雾能减少蒸发，但不能降低泄漏物在受限制空间内的易燃性。用防爆泵转移至槽车或专用收集器内。喷雾状水驱散蒸汽、稀释液体泄漏物。

Y

乙烷

一、基本信息

别名/商用名：液氯；氯气	
UN 号：1035	CAS 号：74-84-0
分子式：C_2H_6	分子量：30.07
熔点/凝固点：–183.3 ℃	沸点：–88.6 ℃
闪点：–135 ℃	
自燃温度：472 ℃	爆炸极限：3.0%~16.0%
GHS 危害标签： 	GHS 危害分类： • 易燃气体：类别 1A • 高压气体：压缩气体
外观及性状：无色无臭的气体。不溶于水，微溶于乙醇、丙酮，溶于苯。	

二、现场快速检测方法

手持式乙烷气体检测仪（TD500-SH-C_2H_6）：0~1000 μL/L，0~5000 μL/L，0~10000 μL/L，0~50000 μL/L（检测范围）。

三、危险性

• 危险性类别：2.1 类　易燃气体

• 燃烧及爆炸危险性
极易燃，与空气混合能形成爆炸性混合物，遇热源和明火有燃烧爆炸的危险。与氟、氯等接触会发剧烈的化学反应。

• 健康危害
1. 高浓度有窒息和轻度麻醉作用。
2. 空气中浓度大于 6% 时，出现眩晕、恶心和轻度麻醉作用。

Y

1. 皮肤：穿防静电服。
2. 眼睛：佩戴合适的眼部防护用品。
3. 呼吸：戴正压自给式空气呼吸器。
4. 设施配备：应配备快速冲淋洗浴设备或眼冲洗设备，以应急使用。

五、应急处置

- 急救措施
  1. 皮肤：如果该化学物质直接接触皮肤，立即用水冲洗污染的皮肤。
  2. 眼睛：提起眼睑，用流动水清洗。就医。
  3. 吸入：迅速脱离现场，至空气新鲜处，保持呼吸道流畅。如有呼吸困难，进行输氧。如呼吸心跳停止，立即进行心肺复苏术。就医。
  4. 误服：立即就医。

- 灭火
  用雾状水、泡沫、二氧化碳或干粉灭火器。

- 疏散和隔离（ERG）
  1. 立即在所有方向上隔离泄漏区至少 100 m，如遇大量泄漏，考虑最初下风向撤离至少 800 m。
  2. 火场内如有储罐、槽车或罐车，四周隔离 1600 m。考虑初始撤离 1600 m。

- 现场环境应急（泄漏处置）
  1. 消除所有点火源（禁止吸烟，消除所有明火、火花或火焰）。禁止接触或跨越泄漏物。
  2. 使用防爆的通信工具。
  3. 禁止直接接触污染物。作业时所有设备应接地。
  4. 确保安全时，关阀、堵漏等以切断泄漏源。

Y

乙烯

一、基本信息

别名 / 商用名：液化乙烯	
UN 号：1962	CAS 号：74-85-1
分子式：C_2H_4	分子量：28.06
熔点 / 凝固点：–169.4 ℃	沸点：–103.9 ℃
闪点：–104 ℃	
自燃温度：425 ℃	爆炸极限：2.7%~36.0%（体积比）
GHS 危害标签： 	GHS 危害分类： • 易燃液体：类别 1A • 高压气体：压缩气体 • 特定目标器官毒性 - 单次接触 / 麻醉效应：类别 3
外观及性状：无色气体，略具烃类特有的臭味。不溶于水，微溶于乙醇、酮、苯，溶于醚。	

二、现场快速检测方法

乙烯检测仪：0~100 μL/L（检测范围）；2 μL/L（检测限）。

三、危险性

• 危险性类别：2.1 类　易燃气体

• 燃烧及爆炸危险性
　1. 极易燃，与空气混合能行成爆炸性混合物，遇明火、高热或与氧化剂接触，有引起燃烧爆炸的危险。
　2. 高温或接触氧化剂能引起燃烧或爆炸性聚合物。

• 健康危害
　1. 急性毒性：LC_{50} = 95 mg/L（2 h，小鼠吸入）。
　2. 具有较强的麻醉作用对眼有强烈刺激作用。

Y

3. 吸入高浓度乙烯可立即引起意识丧失。
4. 液态乙烯可致皮肤冻伤。

四、个人防护建议（NIOSH）

1. 皮肤：防静电服。
2. 眼睛：佩戴合适的眼部防护用品。
3. 呼吸：戴正压自给式空气呼吸器。
4. 设施配备：应配备快速冲淋洗浴设备或眼冲洗设备，以应急使用。

五、应急处置

- 急救措施
  1. 皮肤：如未冻伤，立即用肥皂水冲洗。如果冻伤，立即就医。
  2. 眼睛：提起眼睑，用流动水清洗。就医。
  3. 吸入：迅速脱离现场，至空气新鲜处，保持呼吸道流畅。如有呼吸困难，进行输氧。如呼吸心跳停止，立即进行心肺复苏术。就医。
  4. 误服：立即就医。

- 灭火
  用雾状水、泡沫、二氧化碳或干粉灭火器。

- 疏散和隔离（ERG）
  1. 泄漏距离至少为 100 m。如果为大量泄漏，下风向的初始疏散距离应至少为 800 m。
  2. 火场内如有原油储罐、槽车或罐车，隔离 1600 m。考虑撤离隔离区的人员、物资；疏散无关人员并划定警戒区；在上风处停留，切勿进入低洼处；进入密闭空间之前必须先通风。

- 现场环境应急（泄漏处置）
  1. 消除所有点火源（禁止吸烟，消除所有明火、火花或火焰）。禁止接触或跨越泄漏物。
  2. 使用防爆的通信工具。
  3. 禁止直接接触污染物。作业时所有设备应接地。
  4. 确保安全时，关阀、堵漏等以切断泄漏源。

乙酰丙酮

一、基本信息

别名 / 商用名:2,4- 戊二酮;间戊二酮;二乙酰基甲烷;2,4- 戊烷二酮	
UN 号:2310	CAS 号:123-54-6
分子式:$C_5H_8O_2$	分子量:100.11
熔点 / 凝固点:−23.2 ℃	沸点:140.5 ℃
闪点:34 ℃	
自燃温度:340 ℃	爆炸极限:1.7%~11.4%(体积比)
GHS 危害标签:	GHS 危害分类: • 易燃液体:类别 3
外观及性状:无色或微黄色液体,有酯的气味。	

二、现场快速检测方法

便携式红外光谱仪和便携式气相色谱仪。

三、危险性

• 危险性类别:3.3 类　高闪点易燃液体

• 燃烧及爆炸危险性
  1. 易燃,有毒,有刺激性。
  2. 蒸气与空气形成爆炸性混合物,遇明火、高热能引起燃烧爆炸。可与氧化剂发生反应。流速过快,易产生和积聚静电。
  3. 蒸气比空气重,在较低处扩散到较远的地方,遇火源会着火回燃。遇高热导致容器内压增大,有开裂和爆炸危险。

• 健康危害
  1. 急性毒性:LD_{50} = 590 mg/kg(大鼠经口),810 mg/kg(兔经皮)。

Y

2. 吸入、摄入或经皮肤吸收：对身体有害。
3. 眼睛和皮肤：刺激作用。
4. 中毒：导致头痛、恶心和呕吐。

四、个人防护建议（NIOSH）

1. 皮肤：穿防静电工作服，戴橡胶耐油手套。
2. 眼睛：戴化学安全防护眼镜。
3. 呼吸：浓度超标，须佩戴自吸过滤式半面罩防毒面具。紧急事态抢救或撤离时，应佩戴空气呼吸器。
4. 其他：工作现场禁止吸烟、进食和饮水。工作完毕，淋浴更衣。避免长期反复接触。

五、应急处置

- 急救措施（NIOSH）
  1. 皮肤：脱去污染衣着，用肥皂水和清水冲洗皮肤。
  2. 眼睛：脱去眼睑，用流动清水或生理盐水冲洗，就医。
  3. 吸入：脱离现场至空气新鲜处，保持呼吸道通畅。如呼吸困难，给输氧。如呼吸停止，立即进行人工呼吸，就医。
  4. 误服：饮足量温水，催吐。就医。

- 灭火
  用雾状水、泡沫、干粉、二氧化碳灭火器或砂土。

- 疏散和隔离（ERG）
  1. 采取预防措施，大量泄漏时，考虑最初环境条件，下风向至少撤离 300 m。
  2. 火场内如有储罐、槽车或罐车，四周隔离 800 m；此外，考虑四周初始疏散距离 800 m。

- 现场环境应急（泄漏处置）
  1. 消除所有点火源（吸烟、明火、火花或火焰）。禁止直接接触污染物。作业时所有设备应接地。确保安全时，采用关阀、堵漏等以切断泄漏源。
  2. 构筑围堤或挖沟收容泄漏物，防止进入水体、下水道、地下室或限制性空间。用抗溶性泡沫覆盖泄漏物，减少挥发。
  3. 小量泄漏：用活性炭或其他惰性材料吸收。或用不燃性分散剂制成的乳液刷洗，洗液稀释后放入废水系统。
  4. 大量泄漏：构筑围堤或挖坑收容。用泵转移至槽车或专用收集器内，回收或运至废物处理场所。

- 危险废物处置
  用焚烧法。

Y

异丙胺

一、基本信息

别名/商品名：甲基乙胺；2-氨基丙烷；异丙基胺；一异丙胺；MIPA	
UN号：1221	CAS号：75-31-0
分子式：C₃H₉N	分子量：59.11
熔点/凝固点：–101.2 ℃	沸点：31.7 ℃
闪点：–32 ℃	
自燃温度：400 ℃	爆炸极限：2.0%~10.4%（体积比）
GHS危害标签：	GHS危害分类： • 易燃液体：类别1 • 皮肤腐蚀/刺激：类别2 • 严重眼损伤/眼刺激：类别2A • 特定目标器官毒性-单次接触/呼吸道刺激：类别3
外观及性状：无色易挥发液体，有带鱼腥的氨臭。与水混溶，可溶于乙醇，乙醚。	

二、现场快速检测方法

1. 气体检测管法（180LGastec）：5.5~110 μL/L（检测范围）。
2. 便携式气相色谱仪。
3. 便携式异丙胺检测仪。

三、危险性

• 危险性类别：3.1类　低闪点易燃液体

• 燃烧及爆炸危险性
1. 易燃，具强刺激性。
2. 蒸气与空气形成爆炸混合物，遇明火、高热引起燃烧、爆炸。与氧化剂发生强烈反应。
3. 蒸气比空气重，在较低处扩散到较远地方，遇火源可着火回燃。具腐蚀性。

- 健康危害
  1. 急性毒性：LD_{50} = 820 mg/kg（兔经口），380 mg/kg（兔经皮）；LC_{50} = 9672 mg/m^3（4 h，大鼠吸入）。
  2. 眼睛：蒸气、液体或雾刺激，重者可致失明。
  3. 皮肤：可致灼伤。
  4. 吸入蒸气或雾：引起呼吸道刺激；持续高浓度吸入引起肺水肿。
  5. 口服：灼伤消化道，大量口服可致死亡。

四、个人防护建议（NIOSH）

1. 皮肤：穿胶布防毒衣，戴橡胶耐油手套。
2. 呼吸：接触蒸气，须佩戴自吸过滤式全面罩防毒面具。

五、应急处置

- 急救措施（NIOSH）
  1. 皮肤：脱去污染衣着，流动水清洗。就医。
  2. 眼睛：提起眼睑，用流动清水或生理盐水冲洗，就医。
  3. 呼入：脱离现场至空气清新处，保持呼吸道顺畅。如呼吸困难，给输氧。如呼吸停止，进行人工呼吸。就医。

- 灭火
  用抗溶性泡沫、二氧化碳、干粉灭火器或砂土。

- 疏散和隔离（ERG）
  1. 立即在所有方向上隔离泄漏区至少 50 m。
  2. 火场内如有储罐、槽体或罐车，四周隔离 800 m。考虑初始撤离 800 m。

- 现场环境应急（泄漏处置）
  1. 切断泄漏源。防止泄漏物进入水体、下水道、地下室或密闭性空间。
  2. 用抗溶性泡沫覆盖，减少蒸发。喷雾状水驱散蒸气、稀释液体泄漏物。用防爆、耐腐蚀泵转移至槽车或专用收集器内。
  3. 大量泄漏：构筑围堤或挖坑收容。
  4. 小量泄漏：用砂土或其他不燃材料吸收。使用洁净的无火花工具收集吸收材料。

- 危险废物处置
  用控制焚烧法。焚烧炉排出的氮氧化物通过洗涤器除去。

Y

异氰酸甲酯

一、基本信息

别名 / 商用名：甲基异氰酸酯	
UN 号：2480	CAS 号：624-83-9
分子式：C_2H_3NO	分子量：57.05
熔点 / 凝固点：–45 ℃	沸点：37~39 ℃
闪点：–6 ℃	
自燃温度：	爆炸极限：
GHS 危害标签：	GHS 危害分类： • 易燃液体：类别 2 • 急毒性 - 口服：类别 3 • 急毒性 - 皮肤：类别 3 • 皮肤腐蚀 / 刺激：类别 2 • 皮肤敏化作用：类别 1 • 严重眼损伤 / 眼刺激：类别 1 • 急毒性 - 吸入：类别 2 • 呼吸敏化作用：类别 1 • 特定目标器官毒性 - 单次接触 / 呼吸道刺激：类别 3 • 生殖毒性：类别 2
外观及性状：带有强烈气味的无色液体，有催泪性。溶于水。	

二、现场快速检测方法

便携式环境气体检测仪（pGas200-PSED-20s）：0.1~100 μL/L（检测范围）。

三、危险性

• 危险性类别：3.2 类　中闪点易燃液体

• 燃烧及爆炸危险性
  1. 易燃。
  2. 其蒸气与空气可形成爆炸性混合物，遇明火、高热能引起燃烧爆炸。

• 健康危害
  1. 急性毒性：LD$_{50}$ = 13791 mg/kg（小鼠吸入），1060 mg/kg（兔经皮），3310 mg/kg（1 h，大鼠经口）。

Y

2. 吸入低浓度本品蒸汽或雾对呼吸道有刺激性；高浓度吸入可因支气管的炎症、痉挛，严重的肺水肿而致死。
3. 蒸气对眼睛有强烈的刺激性，引起流泪、角膜上皮水肿、角膜云翳。重者导致失明。
4. 液态对皮肤有强烈的刺激性。
5. 口服刺激胃肠道。

四、个人防护建议（NIOSH）

1. 皮肤：穿防静电、防毒服。
2. 眼睛：佩戴合适的眼部防护用品。
3. 呼吸：佩戴正压自给式空气呼吸器。
4. 衣物脱卸：如果工作服被可燃性物质浸湿，应当立即脱除并妥善处置。
5. 设施配备：应配备快速冲淋洗浴设备或眼冲洗设备，以应急使用。

五、应急处置

- 急救措施
  1. 皮肤：如果该化学物质直接接触皮肤，立即用水冲洗污染的皮肤。
  2. 眼睛：提起眼睑，用流动水清洗。就医。
  3. 吸入：迅速脱离现场，至空气新鲜处，保持呼吸道流畅。如有呼吸困难，进行输氧，呼吸心跳停止，立即进行心肺复苏术。就医。
  4. 误服：立即就医。

- 灭火
  用二氧化碳、干粉灭火器或砂土。**禁用水、泡沫、酸碱灭火器灭火。**

- 疏散和隔离（ERG）
  1. 小量泄漏，初始隔离 300 m，下风向疏散白天 2000 m、夜晚 5300 m；大量泄漏，初始隔离 1000 m，下风向疏散白天 11000 m、夜晚 11000 m。
  2. 火场内如有储罐、槽车或罐车，四周隔离 800 m。考虑初始撤离 800 m。

- 现场环境应急（泄漏处置）
  1. 消除所有点火源（禁止吸烟，消除所有明火、火花或火焰）；作业时所有设备应接地；禁止接触或跨越泄漏物。
  2. 禁止直接接触污染物。作业时所有设备应接地。
  3. 确保安全时，关阀、堵漏等以切断泄漏源。
  4. 小量泄漏：用沙土或其他不燃性吸附剂混合吸收。
  5. 大量泄漏：构筑围堤或挖坑收容。用防爆泵转移至槽车或专用收集器内。

Y

原油

一、基本信息

别名 / 商用名：润滑油基础油；石油馏出物	
UN 号：1267	CAS 号：8002-05-9
分子式：	分子量：
熔点 / 凝固点：−60~−30 ℃	沸点：
闪点：−20~100 ℃	
自燃温度：	爆炸极限：1.1%~8.7%（体积比）
GHS 危害标签：	GHS 危害分类： • 易燃液体：类别 2
外观及性状：易燃黏稠液体。一种黏稠的、深褐色（有时有点绿色的），流动或半流动黏稠液，略轻于水。	

二、现场快速检测方法

1. 红外测油仪（OIL-9）：0.15~100 mg/L（检测范围）；0.1 mg/L（检测限）。
2. 便携式水中油分析仪（TD-500D）：0~200 mg/L（检测范围）；0.1 mg/L（检测限）。

三、危险性

• 危险性类别：3.2 类 + 3.3 类　中高闪点易燃液体

• 燃烧及爆炸危险性
  1. 易燃，蒸气与空气可形成爆炸牲混合物，遇明火、高热极易燃烧爆炸。
  2. 蒸气比空气重，能在较低处扩散到相当远的地方，遇火源会着火回燃。
  3. 流速过快，容易产生和积聚静电。在火场中，受热的容器有爆炸危险。

Y

- 健康危害

  石油对健康的危害取决于石油的组成成分，对健康危害最典型的是苯及其衍生物。

四、个人防护建议（NIOSH）

1. 皮肤：穿全身消防服。
2. 眼睛：佩戴合适的眼部防护用品。
3. 呼吸：戴防毒面具。
4. 设施配备：应配备快速冲淋洗浴设备或眼冲洗设备，以应急使用。

五、应急处置

- 急救措施
  1. 皮肤：如果该化学物质直接接触皮肤，立即用水冲洗污染的皮肤。
  2. 眼睛：提起眼睑，用流动水清洗。就医。
  3. 吸入：迅速脱离现场，至空气新鲜处，保持呼吸道流畅。如有呼吸困难，进行输氧。如呼吸心跳停止，立即进行心肺复苏术。就医。
  4. 误服：立即就医。

- 灭火

  用泡沫、干粉、二氧化碳灭火器或砂土。

- 疏散和隔离（ERG）
  1. 泄漏隔离距离至少为50 m。如果为大量泄漏，下风向的初始疏散距离应至少为300 m。
  2. 火场内如有原油储罐、槽车或罐车，四周隔离800 m。考虑撤离隔离区的人员、物资；疏散无关人员并划定警戒区；在上风处停留，切勿进入低洼处；进入密闭空间之前必须先通风。

- 现场环境应急（泄漏处置）
  1. 消除所有点火源（禁止吸烟，消除所有明火、火花或火焰）。禁止接触或跨越泄漏物。
  2. 使用防爆的通信工具。
  3. 禁止直接接触污染物。作业时所有设备应接地。
  4. 确保安全时，关闭、堵漏等以切断泄漏源。
  5. 大量泄漏：在液体泄漏物前方筑堤堵截以备处理。雾状水能抑制蒸气的产生，但在密闭空间中的蒸气仍能被引燃。

Y

参考文献

1. 张海峰，曹永友. 常用危险化学品应急速查手册，北京：中国石化出版社，2009.

2. 王林宏，许明. 危险化学品速查手册，北京：中国纺织出版社，2006.

3. 赵永华，林鹏. 危险化学品应急处置手册，北京：中国石化出版社，2009.

4. 李涛，张敏. 危险化学品应急救援指南，北京：中国科学技术出版社，2013.

5. 胡忆沩. 危险化学品应急处置，北京：化学工业出版社，2009.

6. 陈金合. 危险化学品目录汇编，北京：化学工业出版社，2015.

7. 李涛，张敏，贺青华. 危险化学品使用手册，北京：中国科学技术出版社，2007.